U0019207

# 職場霸凌

律調停專家教你
護職場權益，
解工作場合的欺壓侵犯

彭孟嫻
Jessica Peng

著

Workplace Bullying

　　我與孟嫻相識已久。我所認識的孟嫻，不僅是加拿大調停仲裁協會會員，從事法律調停工作，更是一位專欄作家，從她的文字中，看到了專業，更感受到文藝的氣息。

　　職場霸凌，許多人聽過、看過，甚至親身經歷過。事實上，不單只是同儕間的相處有霸凌問題，連雇主與員工之間，只要涉及不公平的指令或是對待，其實都是一種霸凌行為，常見的「勞資爭議」，當然也包含在內。

　　雖然我國法中，對於勞工制度的保護漸趨完善，相關修法也與時俱進，但法律只是規範最低的保護標準，勞工追求更好的待遇，自然就要先了解法律，在框架中向雇

主爭取最佳的利益。但是法律條文艱澀難懂，沒有搭配案例說明，大多數人實在難以吸收，尤其法律是一門社會科學，各人對於文字的解讀也可能會產生偏差，造成法律的誤解誤用，嚴重影響到自己的權益。

很高興孟嫻願意就其專業所長，並參以其工作經歷，寫出這本有關勞資議題的書籍，每一篇內容都是以案例開題，點出涉及的事實爭議與法律問題，再佐以加拿大以及我國現行法律規定，讓人能夠清楚明瞭。甚至，看完全書內容，就會發現，這本書除了從「法」的角度，教導員工如何防範霸凌；更從「情」、「理」的觀點，指導員工應該如何用最好的方式表達自己的訴求，爭取自身權益之餘，又不失職場應有的分際。

孟嫻文章的觀點，與我們事務所的理念不謀而合。明冠聯合法律事務所向來關注勞資問題，所內編制，除設有勞資爭議處理部門，近年更強化勞動安全檢查小組，提供勞資雙方法律諮詢與服務。我們認為，不管是雇主還是員工，都應該受到法律的規範與保護，受到契約的規制與保障；唯有資方提供周全的制度與程序，才能建置完善的職場環境，讓勞資雙方安心互助。而這本書的目的，並不是要讓員工學會對付雇主的武器，而是希望能充實員工關

於勞資法規的知識，更能讓雇主了解自身體制是否存在缺失，儘早修正避免觸法，創造勞資真正和諧。

這本書的問世，著實讓我感到驚豔，也讓枯燥的法律觀念融入了情感與理性，使內容更加地平易近人。細細品讀就會發現，這本書不單只是在討論職場的法律關係，更是在分享職場的交際藝術。從字裡行間，可以看出作者多年的經驗與專業，我相信也只有像孟嫻這樣的歷練，才能寫出這樣一本情、理、法兼具的書籍。

誠摯的向大家推薦這本書，不管是員工，還是雇主，這本書都值得一讀，也期待孟嫻能夠有更多的著作，讓我們能夠在品味精神食糧的同時，也能增進自己的新知。

這本書《職場霸凌 Workplace Bullying》是一本職場霸凌防治的書，協助維護你的職場權益，以及化解工作場合的欺壓侵犯，讓你能夠在職場知道如何保護自己，提供你有效的方式來面對處理職場霸凌。這本書包含我在加拿大「外商（德商）的職場經歷」，來闡述此書二十種職場霸凌。同時此書也包含「台灣職場法律常識」以及「加拿大法律常識」。此書並沒有法律書的枯燥，讀完這本書，你就可以藉由內文的職場故事、職場案例解說，了解到職場法律概念，來辨別在職場中所面臨的職場霸凌。

職場霸凌當中的很多事件，可以經由公司高層處理或者經由各國的「勞工局」調解，各國先進國家在職場霸凌都有相關法令保護。台灣《勞動基準法》對於有勞動

契約的員工有保護，讓職場受到霸凌者可以得到法律的保護。職場霸凌，包含職場員工權益，無論是薪資低於《勞基法》、工時超時、請假、加班、出差、休假等，只要違法《勞基法》都屬於勞工剝削的職場霸凌。當中工作「試用期」也是受到《勞基法》的保護。除此之外，職場中人與人相處的言語傷害與肢體傷害，還有輕蔑、冷落、刁難、孤立、性騷擾、栽贓、汙衊、孕婦歧視、文化歧視、種族歧視等也是職場霸凌。根據陳冠仁律師說明：雖然《勞基法》不適用在約聘人員，但是針對約聘人員的適用法規制度，可區分為政府機關的約聘人員與民間企業的約聘人員。根據勞動部的解釋，並不適用《勞基法》，應適用《聘用人員聘用條例》；民間企業的約聘人員，依據實務多數見解，本質上仍屬於勞工，故應適用《勞基法》。

　　我是一個相當注重霸凌議題的作者，從我在天下雜誌《換日線》所寫的職場霸凌、校園霸凌、家庭霸凌、婚姻霸凌、老人院霸凌等，都是我注重的霸凌議題。在此我相當感謝《換日線》總編輯，也是天下雜誌未來事業部數位營運總監：張翔一總監，讓我能夠把我所寫的不同類別的霸凌議題文章推廣給大眾讀者，因此才有這部深度探討《職場霸凌》的書籍由我的心中醞釀產生。此書當中職場故事裡的人物，基於保護故事人物的因素，我略把人

物情節更改，以保護當事人的隱私。除此之外，為了讓讀者清楚此書加拿大法律部分，我把文章中的法律來源（citation）放在此書的最後部分。在此書台灣法律的部分，我以台灣「全國法規資料庫」的內容加入於文章中的不同職場霸凌，並且由陳冠仁律師，也是明冠聯合法律事務所主持律師，以及國防部公聘律師，來加持解析此書台灣法律的部分。

職場霸凌會影響在職者的身心靈健康，讀者千萬不要小看職場霸凌造成的身心疾病。因為職場霸凌如果嚴重，是會造成「命案」。在台灣不少社會事件，例如 2013 年軍方洪仲丘的「被虐致死」事件；以及 2018 年成大醫院「喋血殺人」事件，葉克膜小組的林姓體循師衝進開刀房砍殺陳姓女組長，刺傷協助制止的胡姓女醫師的事件；還有 2019 年澎湖醫院的黃姓總務主任被虐的「燒炭」自殺事件。

以上這三種不同類別的死亡傷害事件，其實都是因為職場霸凌所衍生出的悲劇。當中事件部分當事人，在法律上有的是「施暴者」，但是那些施暴者的故事背後，卻是因為長期處在被虐的職場霸凌。換言之，部分社會事件的「加害者」，有時候是因為長期處於「受害者」的情境，最終才情緒崩潰，失去理智，造成施暴行為。

此書二十種職場霸凌：薪資霸凌、職場權益霸凌、人力剝削霸凌、職場言語霸凌、妨害名譽霸凌、冷落霸凌、職場雙重霸凌、性騷擾霸凌、情感霸凌、不當解僱霸凌、職場共同過失霸凌、職場網路霸凌、職場栽贓霸凌、職場歧視孕婦霸凌、職場歧視殘障者霸凌、文化霸凌、種族霸凌、職場年齡歧視霸凌、職場肢體霸凌、主管偏心霸凌。

**在此我與讀者站在同一個位置**，以過來人的身分，讓你能夠在職場遇到挫折時，可以知道如何處理。因為只要你能夠辨別你在職場遇到的處境是否屬於職場霸凌，這樣無論你在哪一個國家工作，你都能夠顧及自身權益。這本書提供你的是「職場霸凌概念」與「霸凌法律概念」，先進國家有關職場霸凌的概念與法律保護方向都類似，所以你只要在「職場霸凌」的概念懂了，各國的法律條文就算有異，你都可以藉由網路查詢到法律條例。此書提供給你的二十種職場霸凌與職場霸凌處理，還有職場生存法則，以及職場潛規則的內在提升等，都是此書的重點。

我個人在職場看到的霸凌事件不勝枚舉，無論是在德商醫療、加拿大皇家銀行，加拿大律師事務所與加拿大法院，還有現在專職的法律調停，當中都有不少職場霸凌

事件。我個人也遇過令我感到心力交瘁的同事霸凌，當中因為同事的人事派系內鬥，造成我在工作中處處被刁難，那樣的情況就算我在工作上表現極好，我也無法在職場感到快樂。當時我深刻意識到職場霸凌議題的重要，這也是我撰寫此書，希望年輕人能夠知道如何面對職場霸凌，以及如何處理職場霸凌。

《職場霸凌》這本書與你一同走過職場的困難。

此書讓你在面對職場中的焦慮能夠迎刃而解，讓你在困境中仍然不失善良，但是卻能夠具有職場「逆轉勝」的能力。

- 此書包含「職場實戰故事」，「職場法律」，以及「職場霸凌生存哲學」。
- 此書不是別人故事的紙上談兵，而是以我在加拿大外商工作的真實故事，把「外國工作」的實戰經驗，當中的二十種各類職場霸凌，讓讀者知道如何分辨與處理，也讓讀者經由此書可以知道在外商工作會遇到的辦公室文化以及當中的潛規則。
- 此書有別於獵頭公司作者所寫的書籍，也有別於坊間職場議題書籍，因為，此書著重「職場權益」，以及「化解職場欺壓侵犯」。

．這本書也有別於總裁級別所寫的書籍，因為這本《職場霸凌》完全站在保護員工利益的角度，更能接地氣的協助你解決職場霸凌的問題。

**職場霸凌紛爭眾多，可以尋求「法律調解」與「訴訟判決」的途徑解決：**

很多職場霸凌，資方會認為是員工太草莓，但是，勞方就會認為是資方惡性霸凌。因此，這樣的勞資雙方認定不同，各說各話，就出現職場爭議。因此，「法律調停」以及「法律訴訟」的兩個方式，就成為最終的職場紛爭的解決方向。

在台灣，《勞動事件法》新增「司法調解」供勞工選擇。企業老闆將面臨法院法官的快速調解與判決壓力。有關勞資糾紛爭議，主要是以《勞資爭議處理法》來做行政調解，以《勞動事件法》來做司法調解。

《勞資爭議處理法》的行政調解，也可由獨立調解人，或者調解委員會（各縣市政府）來調解。獨立調解人的調解，最多 20 天；調解委員會調解最多 49 天；如果在調解委員會調解失敗，可經由法官調解，最多 90 天。

勞動糾紛爭議，有關《勞動基準法》可做司法調解，由調解委員會（法官），以《勞動事件法》調解，最多 90 天。這樣的結果如果調解完成，就大功告成。但是，如果經由法官調解仍然雙方無法達到共識，也就是調解失敗，那麼這樣都還以訴訟程序：勞動事件法訴訟判決。

　　根據陳冠仁律師的解說，勞動事件法訴訟判決，最多六個月，並解決勞工訴訟五大困難。其一，法條困難：開放專業輔佐人免費協助；其二，太貴困難：減少或避免判決費用；其三，太遠困難：改為勞工工作所在地法院訴訟；其四，太久困難：含調解最多九個月判決結束；其五，舉證困難：所有舉證責任改為雇主舉證。

　　**一定要記得：遇到職場霸凌不能消極的忍耐，要知道如何處理與保護自己：**

　　在職場面對不公平的待遇，無論是肢體或者言語都不能傻傻的受氣，那只會讓對方持續欺負你。但是千萬不要在職場受委屈時，就瀟灑的辭職，要先知道爭取自己的權益。在世界上大多數的先進國家，都有勞工的審查處（inspection office），如果員工不知道如何找到可以為自己伸張正義的機構，最簡單的方式就是去當地「勞工局」詢

問。所以處於職場，最重要的就是要知道自己的權益，要知道什麼是「職場霸凌」，這樣你才能夠分辨什麼是可以調解的職場霸凌議題，什麼是應該提告的職場霸凌紛爭。

處於職場霸凌環境的工作環境，職場霸凌者會隨時想找你的把柄來攻擊你，因此，面對霸凌者，一定要小心翼翼的保護自己。在職場中遇到霸凌，你需要冷靜，才有蒐證的機會，這樣之後你才能在「調停」或「訴訟判決」由逆轉勝。關於職場霸凌，要注意釐清當中的「權責歸屬」。任何企業或組織中，「權」與「責」的分際必須清楚界定，否則必然容易產生糾紛，因為並不是所有的職場糾紛都是職場霸凌，有部分是屬於職場情緒內耗。

目前在職人士，因為職場霸凌所造成的憂鬱、抑鬱、躁鬱以及精神疾病，已經產生巨大的職災傷害，這樣的情況雇主需要重視，因為職場霸凌造成人才損失，也造成企業經濟效應的損失。相同的，在職人士更需要做到職場霸凌防治，才能讓你在工作中突破職場情緒框架，活出自己想要的職場生活。

# 目錄

# PART 2 ● 職場霸凌「人際篇」

# PART 3 ● 職場霸凌「薪資與福利篇」

變化萬千的

# 職場
# 新生態

# 1. 工作永遠是人與人的修道場，職場修道場需要的「勞動契約」權益

第一天在加拿大德商工作之前，我與部門女經理簽署了「勞動契約」（employment contract），當中包含「薪資保障」、「加班費」、「出差費」、「特別休假」規定，還有公司福利當中的「健康保險」、「職災保護」。除此之外，「政府勞保」、「資遣與解僱」等，都詳細記載在勞動契約當中。

之後我的直屬上司，也就是德裔加拿大籍的女經理，繼續拿出「公司章程」給我，公司章程記載公司的設立的條件與目的等，最重要的還有公司對員工的要求，這一份公司章程是給予員工使用，不是公司的法律文件。除此之外，還有公司給員工的「工作規定」。

因此，我手上拿著雙方簽署好的「勞動契約」以及厚厚的「公司章程」與「工作規定」，放在我的辦公桌。

然後女經理帶著我，以「拜碼頭」的方式開啓在德商第一天上班的行程。

女經理帶我到每一個部門開會，讓我在各個部門經理辦公室介紹自己。這樣重複在十幾個部門，講一樣的話，乍看之下，好像例行公事，其實這樣的過程也是爲了要讓員工了解公司的職場文化，因爲公司就像是職場修道場，在拜會各個部門的過程中，就會看到不同部門的成員，這也就是未來要面對的人與人的修道場。

回到部門，女經理立即帶我到我負責業務的代理商的檔案櫃，檔案櫃是以國家區分，然後再細分爲不同的進出口議題。女經理要我儘快的把代理商資料暸解與釐清，同時也要我清楚每一個國家所需的特定海關條例。女經理要我在午餐之前，把過往一年的進出口文件全部看完，因爲午飯之後，我就必須立即進入工作。

這樣的工作安排，當中的工作量雖大，但是那並不是問題，因爲職場新鮮人多數都很努力，衝勁很夠。但是，我發現要看完大量的文件，時間是關鍵。我當時意識到第一天工作的上午時間，實在無法把公司過往一年的信件完全吸收。但是，**職場就是工作的修道場**，工作中的總總壓力，也是等於把自己往上提升的能力。

我立即進入工作狀態，以高專注力來研讀德商醫療在各個國家的海關條例，各國代理商要求的空運與航運不

同，還有進出口流程所經過的步驟。這些雖然不用背誦，只需理解，但是時間的緊迫，讓我感到心口猶如大石壓住，整個人繃的很緊。

或許部門女經理看得出我的焦慮，她告訴我：「妳不需要全部瞭解，妳只需要知道了解進出口的流程。之後開始回覆代理商的時候，如果有遇到不懂的地方，妳就可以到檔案櫃查看之前的資料；如果查看資料後仍不明白，那麼妳「可以問」，但是一定要確定「不能犯錯」。

當時我詢問女經理：「可不可讓我在下班之後留在公司，花更多的時間閱讀過往文件。」

沒想到，女經理告訴我：「在德商公司工作，不准遲到，也不需加班，沒有所謂的馬不停蹄的工作，但是也絕對不能犯錯。」（In this company, there is no need to work overtime but being late to work is prohibited. There is no need to be a non-stop workaholic. However, incompetence cannot be tolerated.）

女經理特別強調「incompetence」（不勝任）這個字。她解釋：「如果在職場因為不勝任而犯錯，會讓公司損傷慘重。」因此在進入公司的當下就要對公司的勞動契約與公司對員工的權責，以及公司對員工的權益規定有所了解。

# 簽署「勞動契約」就是職場修道場的首要權益與權責

員工進入職場的入門，就是要知道簽署「勞動契約」。《勞動基準法》第9條第1項：勞動契約，分為「定期契約」及「不定期契約」。進來公司時，有無跟公司約定期限，然後簽約，都叫做勞動契約。

有關簽屬勞動契約的部分，在此書第十一篇：「薪資是否達標」、「是否刻意降薪」、「是否按時薪資給付」、「薪資報稅預扣方式」；第十二篇：「公司福利」當中的「健康保險」、「職災保障」，以及「政府勞保」；第十三篇：「出差費」與「加班費」；第十四篇：「特別休假」與「男女同工同酬」；第十五篇：「資遣」與「解僱」。

在此我大略先介紹「勞動契約」必較需要注意的部分給讀者：

## 基本薪資（Basic Salary）

在簽署勞動契約的時候，你要知道自己的薪水是否有達到「基本工資」。要知道基本工資當中「基本」這兩個字，就是代表你可以接受的「最低」薪資，也就是你的薪水只能在基本薪資之上，不可以在基本薪資之下。這樣

的基本薪資，需要根據你所處的國家的《勞基法》當中的規定。

在「勞動契約」當中，企業主不可以單方面在員工進入公司之後調整薪資，因為《勞基法》當中的薪資調整，要資方與勞方，共同同意，且不得低於《勞基法》的最低規定。

所以，以加拿大為例，在我進入德商的時候，所簽署的勞動契約，當中清楚列出每年加薪百分比，員工要同意勞動契約的內容才可以簽署，如果不同意，可以在簽署勞動契約的當下與企業商談。這樣就可以避免進入公司之後，員工意識到薪資雖然高於政府規定的基本工資；但是，卻發現與同業的工資相比，感覺薪資太低。

因為進入公司之後再與公司協商加薪，除非雇主同意，否則員工也無法改變雇主對於薪資願意給付的金額。到時候如果員工不滿意，只能自行辭職，否則也沒有任何改變的可能。有關薪資方面的詳細內容請看此書第十一篇，是有關公司「**薪資是否達標** 」、「**是否刻意降薪**」、「**是否按時薪資給付**」、「**薪資報稅預扣方式**」的「**薪資霸凌**」。

### 試用期（Probation Period）

要知道試用期是「雙方試用」，不是只有資方對員工

的試用期。

　　要記得：當你新進入一家公司，就算是處於「試用期」，你也是等同於擁有「無限期」的勞動契約的「福利」。也就是你在試用期也是受到《勞基法》的保護。以台灣爲例，工作試用期無論是幾個星期或者幾個月，員工在試用期的期間都受到《勞基法》的保護。

　　也就是說，如果試用期是三個月，那麼資方可以在三個月內，如果雇主不滿意，要你離職，也必須付給你原定的薪資，就算是在「試用期」也一樣需要支付你薪水，因爲那是勞動契約中你所應得的酬勞。

　　以台灣爲例，「試用期」無論是幾個星期，或者幾個月，試用期的員工，都與公司的一般員工有一樣的待遇。因爲，台灣勞動法相關法律沒有明文規範勞動契約有試用期，「試用期」並不是法律規定，只要員工被錄用，就屬於《勞動基準法》的規範。

　　就算，你進入一家公司的「試用期」期間，只要你在公司工作，就算只有到了一個月的時間，就覺得那個公司不是你想要繼續待的公司，這樣你都可以在試用期到達之前離開，而且仍然有權利，得到原定的薪資。換句話說，如果你的試用期是三個月，但是，你實在不喜歡那個公司，也覺得公司的產業不適合你的特性，那麼就算你在該公司只有工作一個月，資方也必須要付給你工資。

**工作期間的員工的權益保障**

- 基本工資的保障（minimum wage）
- 加班薪資（overtime pay）
- 每日工作時間（hours of work per day）
- 午餐時間與休息時間（lunch time and rest time）
- 例假日、休息日、特別休假、國定假日（holidays, rest days, special holidays, national holidays）
- 病假次數（sick days）
- 健康保險（health insurance）
- 職災保障（occupational accident protection）
- 政府勞保（government labor insurance）

這些部分在此書第三單元「薪資與福利」當中的五篇文章，有詳細的說明。

上面列出的權益，容易被忽略的是工作當中的「休息時間」，台灣《勞動基準法》第四章第 35 條：勞工繼續工作四小時，至少應有三十分鐘之休息。但實行輪班制或其工作有連續性或緊急性者，雇主得在工作時間內，另行調配其休息時間[1]。

其實職場的規範當中需要有適度的彈性，也就是當職員處於高效率的工作之後，如果職員要休息多過十分

鐘，大多數的公司是不會制止的。但是，員工要注意公司規定，以免造成工作中落入職場糾紛。

　　要記得，「勞動契約」不一定要以書面爲主，資方口頭上的承諾也是勞動契約。但是，因爲萬一有勞資糾紛，沒有書面的勞動契約，就很難證明。勞動契約要寫清楚。員工在簽訂勞動契約，一定要完全了解，才能簽；如果勞動契約當中的用字複雜，讓你不能懂，那就不可以簽；而且合約如果有英文或德文等不同語言，更是不能在看不懂的狀況下簽署勞動契約，因爲那會讓身爲員工的你權益受損。

## 2. 新時代上班族與公司的關係變化，「工作混合模式」與「工作網路監管」

莘蒂是一個性沉靜的德裔加拿大人。她與我在差不多的時間進入公司，但是我對她不太了解，因為她是設計部的人，與我們部門沒有任何工作交接。

慢慢知道莘蒂這個人，是因為有一次開會，進入會場的時候，看到莘蒂站在會議桌前，正在整理她放在會議桌上的文件。

莘蒂離開會議室之後，我部門的女同事，小聲告訴我：那位女職員名字叫莘蒂。是公司人員當中少數幾個不需要每天上班的員工。女同事強調：「我們公司沒有兼職員工，莘蒂是領全薪，而且只需要一個星期回公司開會兩次。」

我問剛進會議室的女經理，「為什麼莘蒂可以遠距工作，而且只需公司在開會的時間回公司。」我心裡有疑問，

為什麼莘蒂的工作時間特例，會不會被公司其他員工背後數落？

　　女經理似乎也知道我心中的疑問就說道：「公司其實讓一小部分的員工可以遠距工作，通常這些人都有特殊的家庭因素。」女經理繼續說：「莘蒂應徵工作的時候，有提到她家中有失智的祖母，因為莘蒂是祖母養大的。她的父母在她很小的時候就離婚，也各自嫁娶，因此莘蒂從小就跟著祖母一起住。剛好公司想要試看看遠距工作的效率是否可以與在公司上班一樣，因此就讓莘蒂遠距工作。」

　　當下，我有點驚訝，我們部門的女經理可以知道別部門職員的私生活。莘蒂可以遠距工作，也讓我感覺德商在工作上還是相當具有「人情味」的。當然，莘蒂肯定是一個能夠遠距工作且「勝任職責」的人，因為唯有能勝任工作，莘蒂部門上司才可以繼續讓她在公司保持遠距工作。

　　從這樣的小事件當中，我感覺公司設身處地替員工著想，實在是德商工作當中的美麗風景，因為部分老人可能還不至於需要到長照機構（long-term care homes/ nursing homes），因為加拿大的長照機構有公私立之分，當中的好壞相差甚遠。以加拿大多倫多 Yorkville 區的高級養老院為例，當中有巨型英式紅毯，加上平台鋼琴與

名畫布置的大廳，美輪美奐的圖書室、電影院、室內健身房、高級餐廳與美容院一應俱全，還有隨傳隨到的醫護人員和助理看護。但是每月租金要價四千九百三十加幣（約十一萬元新台幣）；如果是面積更大的「豪華客房」，一年更要價將近兩百五十萬新台幣。

那些高品質的長照養老院收費，莘蒂肯定無法負擔，除非莘蒂的祖母留有豐富的財產。莘蒂是她祖母養大的孩子，所以莘蒂也不可能把她祖母放在品質較差的長照養老院，因為加拿大長照機構凌虐事件時有所聞，也可能讓莘蒂不敢把她的祖母放在長照養老院，因為當中的老人虐待與老人霸凌頻傳。

其實一個好的公司，會讓有專業能力的職員，能夠有工作時間彈性來面對私人生活的一些責任。只要莘蒂在工作上能夠如期完成，並且做的不輸給其它同事，那麼莘蒂遠距工作，也仍保持她在專業上的競爭力。

當然，公司還是有固定的營運模式以及公司章程。部門女經理對於莘蒂的情況有一個獨到的見解，女經理提到：「公司的工作形式仍然要以本人到公司工作為主，這樣的情況就像學校如果百分百以網路上課，那樣學校就不像學校了，學生與老師也就無法有正面互動，學生與學生之間也就很難建立互助系統。」

## 新時代上班族與公司的關係變化：「工作混合模型」的趨勢

其實，目前新冠疫情全球大流行所出現的遠距工作，在二十年前就已經嘗試。我當時在德商看到的遠距工作職員，並不會因為遠端工作而讓工作成效減低。但是遠端工作確實會讓個人與同事之間有距離感，因為莘蒂的同事對莘蒂並不是太友善。也就是說，遠距工作的同事有時候會遭到需要到公司上下班的同事的非議。因為莘蒂在職場常常獨來獨往，也很少看到莘蒂參與公司員工聚餐。

理論上公司同事應該互相支持與鼓勵，因為職場不需要只有競爭，也可以有互助。真正有能力的員工，是能夠包容有特殊狀況的同事。雖然德商上司對莘蒂的支持，體現出企業對員工的照顧。但是，實際上遠距工作也讓莘蒂遭到同事職場「冷霸凌」，因為莘蒂在開會那天的午餐常常是一個人用餐。

其實，新時代上班族與公司的關係變化，是公司開始以較「人性化」的方式來考量員工的生活需求。因為優良職場環境在二十一世紀必須以「人權」的角度處理職場事務，也就是在職場的環境要盡量符合弱勢族群的需求。資方要盡量協助員工在工作的同時也可以兼顧家庭，這樣的情形有別過往時代，公司會淘汰無法配合公司上班時間

的員工。但是，現在新時代職場，提供員工較有伸縮度的上班形式，這也是現在新時代職場珍惜人才的**趨勢**。

對於年輕世代而言，年輕人在思想上與行為上具有高度創造力與執行力，大多數的年輕人也不喜歡太強烈的制式化管理制度，所以工作的方式，以「辦公室時間加上遠距工作」的混合式工作形式最深得年輕人喜歡。

對於中年世代而言，中年的生活壓力，上有老、下有小的生活，如果能夠有「辦公室工作時間」加「遠距工作自由」的時間彈性，就夠讓中年人可以接送小孩，或者讓員工可以照料需要就醫的家中長者。新世代上班族與公司的關係變化就是：只要工作績效達標，就是在職場盡職與負責，無論是實體上班或者遠距工作，只要有工作效率，就是職場工作中的好表現。

## 羅賓・鄧巴（Robin Dunbar），牛津大學實驗心理學名譽教授：遠程工作被過度炒作了嗎？

在新冠疫情期間，遠端工作成為很多職場的現象。但是，這樣的遠端工作模式，在各個行業已經行之多年。

羅賓・鄧巴（Robin Dunbar）在 BBC：WORKLIFE（BBC 新聞：職場生涯）， Coronavirus: How the world of work may change forever[2]（冠狀病毒：工作世界將如何永遠改變）文中提到：

在過去的幾個月中，媒體大肆宣傳新的工作方式——分散的辦公室和在家工作。早上通勤不再繁瑣，孩子們上床睡覺很久以後，到達家已經精疲力盡。我們忘記了二十年前嘗試過它，很快就放棄了。當時，倫敦房地產價格昂貴的大型企業發現，它是從根本上減少其間接費用的一種方式。午飯時打了一輪高爾夫球，並把孩子們放學了……還有什麼更好的呢？從個人的角度來看，它可能會更好，**但是（遠端工作）並沒有持續很長時間——出於三個很好的原因：**

第一點，工作場所是一種社會環境，任何形式的業務都是一種社會現象。如果沒有面對面的交流，而那些在咖啡機旁進行的非正式會議，將使工作正常且快速進行的「流程」不復存在。工作組很快失去了焦點，歸屬感以及對組織及其宗旨和目標的承諾很快就消失了。

第二點，在過去的二十年中的大部分時間裡，我們一直處於二十多歲人群的孤獨流行之中。對於剛畢業的年輕畢業生來說，這是一個特別的問題。由於附近沒有家人或朋友，工作是他們唯一可以找到朋友並安排社交活動的地方。「我們進來來看我們的朋友！」一直是他們對調查的回應。

第三點，Zoom 和 Skype 的數字世界不能替代面對面的會議。隱藏閱讀電子郵件和新聞提要很容易，人們發現虛擬環境很尷尬，很快就會感到無聊。在四個人之間進行自然對話的大小有一個非常嚴格的限制，任何更大的內容，都會變成由少數外向型人主導的演講。

## 新時代上班族與公司變化：不得懈怠，公司會以「網路監管」密切關注居家辦公的生產力

遠距工作讓資方的管理階級，在人力資源方面的掌管顯得不易。所以許多數據公司提供軟體給公司老闆來「衡量生產力」。

根據加拿大 CBC 新聞報導 No slacking allowed: Companies keep careful eye on work-from-home productivity during COVID-19[3]（不得懈怠：公司在 COVID-19 期間會密切關注在家工作的生產力）。

在 COVID-19 鎖定期間，異地工作的人數激增，這些網路監管可幫助雇主遠程監控員工的生產力。

ActivTrak、Teramind、Hubstaff 和 Time Doctor 是一些提供員工監控軟件的美國公司。

**老闆可以使用「儀表板」來顯示有關單個工人的數**

據，包括他們的螢幕時間，他們的電腦滑鼠的活動，在任何給定時間的員工螢幕上的畫面的鏡頭，在某些情況下甚至包括他們通過 GPS 的實際位置。

　　總部位於德克薩斯州奧斯汀的 ActivTrak 表示，該公司的客戶諮詢量激增。一位發言人說，自新冠疫情大流行開始以來，加拿大對信息和產品演示的需求增加了 35%，但沒有提供具體的銷售數字。

　　這樣的「混合模式」結合就有辦公室文化，以及加入部分遠距工作的時間，能夠保留舊有辦公室文化的人事交流，也能讓更多高科技的加入，讓開會節省時間。也讓有自律性格的員工能夠可以有遠距工作的自由。


## 辦公室與遠距工作兩項的職場「工作混合模式」是趨勢，這並不意味著職場霸凌的消失

　　遠端工作提供員工更多地域工作的自由度。但是，這並不代表公司的紀律不存在，也不代表公司群體合作消失。

　　2020 年之後，企業更注重靈活工作時間、工作結果以及勞動市場變動等問題。這樣的情形更讓資方在意職員工作效率，因此「遠端視訊」的頻繁開會，成為新冠疫情

下的必然。這當中不單是「網路監管」，更是許多公司議題因爲遠端的存在，還是要面對職場中的所有議題。

只要有人、有議題，就會有衝突。因此，**遠端工作還是免不了有些許工作方面的職場霸凌**。因爲舊式上班與新式上班的變化，只是地點的不同，但是當中的工作「結果論」與工作「時間量」都還是存在。

因此，公司的上班型態，必須以效率爲主。在公司中沒有專注工作，無法達到公司的制式要求，是會讓個人的工作不保。因此每一位公司員工都需要注意自己服務的公司所制定的「公司章程」，以確定自己在工作中符合公司規定。

遠端工作所面臨的「遠端視訊」以及「電子郵件」當中所產生的霸凌現象，無論是文字或影音，當中的職場霸凌議題的處理方式仍是一樣，這也就是此本書要讀者注意的職場霸凌部分。**因為遠距工作，並不代表「人與人」的衝突就會因此消失**。尤其，工作模式的改變，並不代表員工不需要與公司上司或同事配合，因此人與人的衝突仍然會存在。

新時代上班族與公司的關係變化，當中「混合模式」的工作形式與工作中的**「網路監管」**可以讓很多員工之間的互動，有更多的網路紀錄，這樣其實也是可以在面臨霸凌時，簡化蒐證的程序。相對的，在網路會議中，更是要

小心言行，也要小心在電子郵件當中的文字書寫，這都是2020年新冠疫情之後的上班族與公司之間的新變化，也是遠端工作當中需要注意的部分。

　　但是，隨著新冠疫苗普及注射，在北美從2021年5月開始，已經有非常多的企業表示未來還是趨向於希望員工「回歸辦公室」工作，這樣的言論發表。部分企業則可以採用「辦公室（加上）遠距工作」的混合式工作。但是，無論未來的工作形式如何變化，只要是職場，都是仍然存在職場霸凌的議題。

# 3. 全球勞動保障的類型與趨勢

在德商我不知道吃了多少生日蛋糕！

我所工作的德商有一個很特別的慣例，就是員工生日，公司會舉辦內部生日慶祝聚會。通常就在週五下午兩點半左右。也就是慶祝同事生日結束之後，就可以提早準備下班。

慶祝的地點就在公司的大型會議室，那樣的會議室大約可以容納五十幾人。但是，我當時服務的德商醫療研發公司總部，職員大約有一百多人，那樣要如何安排呢，因為會議室就只能容納五十幾人？

這也就形成德商有一個很有趣的不成文規定就是：同部門的同事需要全體參加，與壽星關聯的部門可以部分員工參加，只留守幾個員工在相關部門完成工作。

當時員工參加公司內部同事生日慶祝，同部門的同

事會在前幾日以電郵通知。但是，其它有關聯的部門同事，則只會在壽星生日當天早上才派人到各部門通知，並且確認人數，因為到場參與慶生的人公司會提供小禮物。

公司辦慶生會通常跟外賣公司（catering company）訂餐，一般是以三明治盤與水果青菜沙拉盤為主。這樣的情況與平日公司在下午訂的水果青菜沙拉盤還是有些微的不同。因為慶生會的水果盤，不是一般切好擺在外賣塑膠盤，而是有各式各樣雕刻的水果盤，通常會有幾顆雕刻好的西瓜或鳳梨當主軸，上面插滿竹木串好的各式各樣水果球。也會有香草巧克力冰棒或甜筒冰淇淋，我發現當時很多同事都很愛冰品。

除此之外，例行公事的生日蛋糕，以及全體一起為壽星唱生日快樂歌是一定的步驟。但是，讓我比較不能接受的是，生日蛋糕上一定會插上很多的蠟燭，而且壽星一定會「吹蠟燭」。這樣的氣氛雖然很熱絡，但是之後大家要分食生日蛋糕，又不可以當眾拒絕不吃，所以我的心中總是很糾結在吃同事生日蛋糕的部分。

我印象最深刻的一次同事生日，是相關部門的一位中年女士，在公司已經服務了將近二十年的時間。我們例行公事的唱生日快樂歌，分食蛋糕，通常我常常藉口要把蛋糕拿回部門吃，其實我拿回部門常常就只吃內層蛋糕，因為我還是不喜歡口水共享。

但是，那一次生日蛋糕一唱完，公司女經理就要我與其它一些比較年輕的女同事離開現場，女經理小聲地告訴我們，待會有男性脫衣舞秀，所有年輕的職員，以及所有男性職員，必須清場，只留下女壽星與其他中年女同事。

　　這樣的情況，真的是讓我嚇一跳。雖然我沒有親眼目睹，但是我對於公司這樣的安排，說真的還真的是感到很訝異！

　　除此之外，值得一提的是：當時公司對於員工生日慶生會只有事先通知與壽星同部門的同事，但是，沒有事先通知其它部門同事，原因就是公司不想讓與壽星不同部門的人買生日禮物。德商這樣的用心，讓我感到公司完全以員工的角度來考慮事情。

　　還有更值得跟讀者分享的是，當時的生日大會，公司員工在切完蛋糕之後，員工吃蛋糕與水果的時間，參與者可以互相交換各自私人「斜槓」的聯絡電話或網站資料，以及傳發私人兼職名片。

　　我記得當時我收過其它部門的女同事的禮服設計名片，也收過同事家中的眼鏡行名片，還有同事姊姊所開設的美甲名片等，以及電腦部門印度裔加拿大人給我的網站設計名片。

　　當時網路設計還不普遍，不像現在的各行各業，幾

乎都有自己的網站。現在每個人都可以自己製作簡單的網站，就像現在我使用的作家網站 jessicapeng.org 就是我與女兒一起製作的。現在的網頁設計架構簡單，對於網站設計外行的我，也可以輕鬆駕馭。當然坊間很多非常專業的網頁設計公司，也是很好的選擇。二十年前的情況與現在不一樣，當時懂網路設計的人較少，因此，印度裔同事，協助公司其它同事在下班業餘時間所經營的禮服設計公司當中的網站設計，也協助同事姊姊美甲店架構網站。

　　德商讓員工內部生日聚會，充分符合公司職員的互相熱絡與交流，以及把公司當成一個大家庭的凝聚力。除此之外，公司默許同事之間互相推銷副業交流，讓同事能夠在德商的本業收入之外，又多了下班後的斜槓收入。

　　當時二十年前，職場是沒有所謂的「斜槓收入」這個名詞，但是這樣的「多職工作」的觀念與形式在西方國家已經行之有年。

　　就以電腦部門的印度裔男同事自己在下班時間所註冊的網路設計公司，就是他在下班業餘時間實行斜槓工作。因為網站副業是在下班與週末進行，這樣的工作其實與他在德商的全職工作沒有衝突，而且可以說是相輔相成，更同時增加了他在德商公司電腦部門本職的能力。

# 全球勞動趨勢

根據加拿大 CBC 報導，CBC News Special Feature：The Way We Work 的文章 Trends：Longer Hours, More Stress [4]（「趨勢：更長的時間，更大的壓力」），這篇文章是加拿大滑鐵盧大學社會學系教授 Robert Hiscott 教授所寫的，當中闡述：

儘管大多數在職加拿大人仍在從事傳統的「全職 / 全年」工作，但在一種或多種非標準的工作安排中，卻發現了越來越多的比例（估計為三分之一或更高）。這些包括：兼職或臨時職位（part-time or casual status jobs）、臨時或合約工作（temporary or contract work）、自主就業 / 自行創業（self-employment）、擔任多重工作（holding multiple jobs）、居家辦公（working from home）以及遠端工作（remote work）。

這些工作的性質，在過往一直存在，但是直到新冠疫情，這些自由度較高的不同性質工作，讓人們的接受度比過往更高。因此在此，我以我的見解，將未來勞動趨勢工作類別，做以下簡單的分析：

## 1. 疫情下的兼職或臨時職位的「零工經濟」（Gig Economy）

什麼是「零工經濟」？

首先說明一下，Gig 這個字，就是代表「暫時性」的工作（temporary job），屬於「短期時間」、「階段性」的工作屬性。在零工經濟當中的零工經濟工作者與付費者，不是職員與老闆的僱傭關係。

換句話說，零工經濟是以自己為中心，在工作中具有「時間彈性」（flexible），而且這樣的「零工經濟」有別於「長期合約工作」，因為零工經濟中的合約是階段工作。

零工經濟最常見的職業就是「自由業者」（freelancers），或是食物外送員（Uber drivers）等，還有零工維修人員（repair workers）。以我目前的觀察，這樣的「零工經濟」，適用於喜歡多樣嘗試的工作族群，因為喜歡「時間彈性自由」。

## 2.「臨時或合約工作」（Temporary or Contract Work）是全球勞動類型增加極速的種類

臨時或合約工作在加拿大呈現增長的趨勢。勞動力與新創造的工作，在短期和長期工作之間日益分化。由於很多傳統產業的減少，以及現在的就業機會銳減，因此臨時與合約工作增加。

臨時或合約工作對於資方來說可以得到較廣的人才，

填補短期的空缺。對於處於臨時或合約工作的勞方而言，在工作上有更多面的機會與挑戰，也在時間界線上有更多的伸縮度。

未來全球勞動的趨勢傾向較多「自由度」。因此，合約工作會有增加的**趨勢**，最常見的合約工作就是「獨立承包商」（independent contractor）。

加拿大安大略省政府網站：「員工身分」[5]（employee status），此政府網站對於如何分辨誰是「獨立承包商」？（How to tell who is an independent contractor？）有以下的說明：

獨立承包商是指為自己做生意的人。當以下條件適用時，個人可以被視為獨立承包商。

- 有賺錢的機會，並有從工作中賠錢的風險
- 確定如何、何時或何處，進行工作
- 決定是否將某些工作分包

從加拿大的政府網站：「員工身分」，具備以上這三點，就是屬於「獨立承包商」。

在此要提醒合約工作者的獨立承包商，在合約工作逐步增加的同時，自僱者就更要知道在與資方訂定合約時，要注意到「合約日期」以及「解約賠償」。這些「合約工作」的訂定因行業不同，所以這些部分在簽署合約之

前，自僱者都可以為自己的合約工作爭取內容的優惠。

### 3. 自主就業 / 自行創業（Self-Employment）

現代年輕人在時間上傾向更好的時間彈性，除此之外，許多有膽量，對於商業有強烈的敏銳度的人，會趨「自行創業」的選項。

目前年輕人比老一輩人在職場更注重工作與生活的平衡，也更注重追隨自己心中意願的做事方式，而且年輕敢拼與敢衝的情形，更讓越來越多年輕人有意向「自行創業」。

目前年輕人的勞動趨勢，在自行創業方面，有越來越多與過往不同的模式。在資金方面，**有創投與集資的管道。**

除此之外，因為自行創業增多，因此**「辦公室共享空間」**（office Sharing）的概念也越來越成為趨勢。因為辦公室共享空間，也就是各個小型企業向承辦辦公室共享空間的租賃公司承租。優點是辦公場合會有不同的小型公司，大家可以互通有無，也可以拓展人脈，更可以營造辦公場合的熱絡精力。

### 4. 疫情下的「多重職業」（One Person with Multiple Careers）是全球勞動類型的成長趨勢

「多重職業」是《紐約時報》專欄作家：麥瑞克・阿爾伯（Marci Alboher）在她 2007 年的著作 One Person/ Multiple Careers: A New Model for Work /Life Success（多重職業）。書籍當中提到「slash」（斜槓），也就是這幾年在亞洲國家很時興的名詞[6]。

　　「多重職業」的「斜槓」原則是，一邊工作，一邊打造「多元收入」。

　　舉例而言，一個電腦工程師在業餘時間，以興趣經營自己的繪畫工作室，那就是「多重職業」，因為電腦與繪畫的「斜槓」，讓個人的頭銜增加。

　　多重職業的斜槓（slash），除了頭銜變多，其實也意味著收入的多元化。這樣的斜槓經濟在目前的全球勞動有成長的趨勢，因為全球經濟的不穩定，各個行業無法保證永遠風生水起；因此個人努力經營「多重職業」，讓斜槓的能力增多，也成了另一種收入保障。


## 5. 遠端工作（Remote Work）

　　在新冠疫情的全球大流行，迫使各大企業把工作方式改為遠端工作，也把工作過程轉向工作結果。雖然遠端工作在西方國家已經行之有年，但是過往的遠端工作並不是如同現在疫情期間般的普遍。這樣的狀況，無論是法律界的「遠端法庭」，讓法官以視訊的方式面對當事人。或

是加拿大目前醫界，部分醫療科別也以「遠距醫療」來減輕病患進醫院的人數。

我在天下雜誌《換日線》的專欄中，在疫情期期間，當中的一篇〈智慧醫療時代的利與弊：加拿大「網路急診制度」開箱實測〉，當中就有提到 2020 年 12 月，加拿大的安大略省（多倫多市所在省）率先以官方推動，開始實施「網路急診」（virtual emergency department）的新模式，引發各國醫界人士、一般民眾的高度關注。

所謂「網路急診」，意即可讓病人「當天」在網路上掛號看診，不需親自到醫院。同時病人只需用一般的智慧型手機或電腦，就可以與急診醫師「網路問診」。任何居住在加拿大安大略省（Ontario）且具加國健保卡的居民，都可經由網路登記（sign up）使用這項服務。

**這些「遠端工作」，可以讓各行各業的工作，不用被地點侷限**，員工可以居家辦公，或是在任何不同城市與不同國家工作，而且工作的場合也不需要在家中，可以在任何有隱私的地點。這樣的遠端工作，在新冠病毒疫情控制之後，仍然會成為全球勞動的類型與趨勢。

這樣的說法，當然不是意指未來的工作形式會全部改為遠端工作，而是疫情期間大眾逐步接受遠端工作模式，因此部分的產業會延續這樣的工作方式，也會有很多公司，以「辦公室工作」加上「遠端工作」的混合模式。

有關「遠端工作」詳細分析可閱讀此書第二篇文章：新時代上班族與公司的關係變化，當中「混合模型」的工作形式與工作中的「網路監管」。

## 「合約工作」、「自行創業」、「多重職業」與「零工經濟」、「居家辦公」需要的「八爪魚」工作技能

在職場的專業延伸，不只需要具備專業，而是要讓你的專業猶如「八爪魚」般的延伸。也就是你的專業就是八爪魚的頭部，而所有的斜槓項目，就是八爪魚的爪；也就是所有的斜槓項目的爪都是連結在八爪魚的頭部。

在職場要斜槓並不難，難的部分是要能夠在每一個斜槓項目當中深耕。因為如果沒有深耕的工作，無論是零工經濟、合約工作、多重職業等，都會讓該產業的專業全職人員所取代。這也就是為什麼很多具備多項斜槓的人，在工作中會焦慮感，因為無法深耕的斜槓，無法讓收入固定成長。

換句話說，如果一個人所具備的零工經濟、合約工作、多重兼職等能力，都如同薄冰般的薄弱，那麼每一項脆弱的能力就會造成冰面上的破裂，因為專業根基太薄。

未來全球勞動的類型與模式，個人需要有「八爪魚般的工作意識型態」，也就是中間一個主業，之後分支出不同的副業，就如同八爪魚的八支爪，這當中每一支爪都與中間頭部主業都有密切的關聯，這也就是未來勞動類型的趨勢。

# 4. 新冠疫情衝擊下的工作未來

　　克莉絲丁是電腦技職人員（computer skill worker），也是德商的「合約員工」（contract worker）。我所任職的德商對於合約員工的薪資較高，但是合約員工一般都是以年度為主，之後如果公司有需要，再續約。

　　克莉絲丁雖然是合約員工，但是她與德商簽署的合約是：「克莉絲丁必須每天到公司上班」。

　　因為公司電腦部門正在更新內部電腦作業，所以克莉絲丁就成為當中的協助人員。但是合約員工無法享有全職員工的福利。

　　克莉絲丁是個活潑健談的女士，在公司咖啡茶水處遇到她，總是會看到她拿名片給我們，並且介紹她的畫廊。原來克莉絲丁在她家中的地下室開設繪畫教室教學生。

克莉絲丁是電腦技職專業，而且也擅長繪畫的技職與藝術天分，因此她總是會請我們到她的辦公室看她拍攝的自己與學生的繪畫畫本，當中有許多專業素描、水彩以及油畫。

後來我們跟克莉絲丁熟稔的時候，知道克莉絲丁大學與碩士都是主修繪畫藝術，但是畢業後找不到合適的藝術類別工作，所以克莉絲丁後來就再回學校修讀電腦課程與程式設計，讓自己的技職提升。

克莉絲丁提到她刻意成為「合約員工」（contract worker），因為這樣她就可以每一年更換新的公司，不止時薪比全職員工高，而且這樣的更換公司有助克莉絲丁拓展人脈來增加她的畫室招生。克莉絲丁強調，她不只是為了生存而選擇電腦專業，而且藉由學習電腦專業，讓她更駕輕就熟的專研電腦動漫。這樣的繪畫專業與電腦專業的結合，讓克莉絲丁把繪畫的才能與熱愛，加上電腦的科技，讓她的藝術系主修更上層樓。

我記得當時公司有不少員工的孩子都跟著克莉絲丁學畫，而且克莉絲丁還會特別讓同事的孩子學費打折。而且克莉絲丁的繪畫課程，很多都是動漫作業，讓傳統繪畫與電腦科技做一個完美的結合。

除此之外，克莉絲丁已經開過好幾次畫展，她在藝術系的教授還到克莉絲丁的畫展中開幕致詞，這樣的支

持，克莉絲丁表示，沒有人可以再對她說，學習藝術專業沒有用，因為事實證明藝術的專業，是一項美學的專研。

更值得替克莉絲丁高興的是，她在週末時間除了教學生繪畫之外，也自己努力在油畫作品販售，她的作品在多倫多的幾個畫廊都有營銷點。這樣的多重職業，讓克莉絲丁有更多的收入來源，也展現了**專業升級**，這也是未來工作的**趨勢**。

## 新冠疫情衝擊下的工作未來「技能」？

上一篇我們提到五種未來全球的工作**趨勢**，當中提到 1. 疫情下的兼職或臨時職位的「零工經濟」（gig economy）；2.「臨時／合約工作」（Temporary or contract work）；3. 自主就業／自行創業（self-employment）；4. 疫情下的「多重職業」（one person with multiple careers）；以及 5. 居家辦公／遠端工作（work from home/remote work）。

因為目前全球勞動類型已經與過往的傳統不同，新冠疫情讓服務業以及零售業大受打擊。這樣的情況也讓人在這樣多變的時代，加上人工智慧的研發，讓人感到似乎自己的努力，完全無法配合上天的變數，以及職場大環境

的轉變。

　　其實，這樣的擔憂，應該要以更正面的想法，來一個「逆向操作」，加上「順應趨勢」！

## 在疫情衝擊中，什麼是「逆向操作」？

　　在這樣的人工智慧時代，如果我們無法成為當中的人工智慧貢獻者，那麼我們其實可以回歸過往時代的「技職工作」。這樣的逆向操作，其實不是要我們不進步，也不是要我們回歸過去，而是要讓人在職業的多樣性中，能夠有「技職」這一個選項。

　　這樣的「技職」發展，能夠讓一般人在面對人工智慧進步，淘汰了諸多既有行業的情況下，仍然能夠讓你因為一技所長，展現出屬於你自己的職場天地。

## 在疫情中，什麼是「順應趨勢」？

　　在新冠疫情的衝擊下，造成企業轉型，目前網路的電商、電技、電玩盛行，加上遠程醫療、遠程法庭、遠距教學等，這樣的產業轉型，成為疫情下的新常態。因此，新冠疫情之後的工作未來，這樣的狀況，在新冠疫情控制後，仍然會有部分持續進行。

## 「傳統類別」與「新興類別」的「技職專業人員」（Skilled Workers）是新冠疫情未來工作方向的逆向操作

前文提到，當今人工智慧先進，如果我們無法在人工智慧的科技領域占一席之地，其實逆向操作的回歸過往的技職工作，也是新冠疫情衝擊下的工作未來。

根據加拿大聯邦技術移民申請時的「技能職能」分類（2020 年 4 月 1 日更新版），加國政府認定的「技能專業工作」，依據 National Occupational Classification / NOC「國家職業分類」可分為以下 5 大類[7]：

在此我把加拿大聯邦技術移民申請的「技能職能」稱為「傳統類別」的技職專業人員，因為這些都是民眾比較耳熟能詳的項目，在此我列於以下：

1. 技能類型 O：管理工作（Managerial Jobs）

餐館經理（Restaurant Manager）、煤礦經理（Mine Manager）、漁業船長（Shore Captains: Fishing）等。

2. 技能類型 A：專業工作（Professional Jobs）

醫師（Doctors）、牙醫（Dentists）、建築師（Architects）等。

3. 技能類型 B：技術工作和技能職位（Technical

Jobs）

廚師（Chefs）、水管工（Plumbers）、電工（Electricians）等。

4. 技能類型 C：服務類職位

屠宰場人員（Industrial Butchers）、卡車司機（Long-Haul Truck Drivers）、餐飲業服務人員（Food and Beverage Servers）等。

5. 技能類型 D：勞動職能

水果採摘工人（Fruit Pickers）、清潔工作（Cleaning Staff）、油田工人（Oil Field Workers）等。

以上這五類的「技能」專業人員，若對照台灣和各國的教育體制，其實僅有第二類（技能類型 A）必須要有大專以上的學歷。

**除了上列的傳統技職，其實，更多「新興技職」，有別於傳統技職，在此舉例列於下列：**

目前其實這許多新興的工作，其實都是由上一個世紀既有的職能，持續精進、演化而來。以下是 CNBC 報導中提到的十大「21st Century Job」[8]（二十一世紀熱門職業）：

Custom Implant Organ Designer（訂製器官植入物設計師）

Nanotechnologist（納米技術專家）

Stem Cell Researcher（幹細胞研究員）

Respiratory Therapist（呼吸治療師）

Waste Management Consultant（廢棄物管理顧問）

Organic Food Producer（有機食品生產者）

Biochemical Engineer（生化工程師）

Nutritionist（營養師）

Robotics Technician（機器人技術員）

Wind Turbine Technician（風力發電機技術員）

當中，訂製器官植入物設計師、納米技術專家、幹細胞研究員、生化工程師等四個職業，較偏向「高知識性質」的研究領域；而呼吸治療師、營養師、機器人技術員、風力渦輪發電機技術員、有機食品生產者以及廢棄物管理顧問等六個職業，則是屬於「知識與技能兼需」的實務領域。

同時，這些二十一世紀的「新興行業」中，有部分是近年才出現的新興領域，但更多是由二十世紀既有的工作延伸、轉變而來。**這樣的職業趨勢，或許也翻轉了許多人對於「重要職業」的刻板印象。**就以「廢棄物管理」來說，這個領域在過去經常被許多人視為「辛苦」、「弱勢」，甚至有著「沒人要做的工作」、「沒前途」等負面標籤。

殊不知事實上在包括加國在內的許多「西方先進國家」，如今均已將之視爲環境保護政策中最爲重要的環節之一：新冠疫情衝擊下的工作未來，各國政府陸續投入大量資源改善產業現狀與勞動環境，民間企業也投入大量資金優化作業流程，同時大幅提升產業中的員工在職訓練及勞工待遇。

　　以上部分是屬於大家比較耳熟能詳的「傳統技職」項目，此篇不是要闡述「如何申請加拿大移民」，而是希望讓台灣的年輕讀者知道，目前「技職領域」的學習，在國際上仍然非常有前景——如果認眞習得一技之長，同時努力加強外語能力，那麼「把世界當成舞台」絕對不是空談。這樣的技職工作都是二十一世紀不可缺的基礎產業，也是會持續在新冠疫情控制後持續發展的產業。


## 新冠疫情期間的企業倒閉與勞工失業的衝擊，未來工作必須具備隨時「再次就業」的專業技能

　　新冠疫情期間，社會與經濟結構產生強烈的改變，很多員工在原本行業的穩定工作頓時巨變，新冠疫情後的工作未來，勢必會讓之前的職場產業結構產生變化，也就

意味著原本工作的專業，可能就必須有新的技能。

所以，此文開頭提到的加拿大國家職業分類，或是CNB所報導的「二十一世紀熱門工作」，都說明了一個事實：「**技能**」與「**知識**」，**都是職場中必備的要素，兩者同樣重要，沒有孰高孰低**。而且這樣的技能甚至可以說是再次投入新冠疫情後的經濟復甦必要的個人職場生存能力。因為任何的產業發展，都需要有人將理論化為具體成果，這樣的情形就是更反映出技職的重要。

新冠疫情衝擊下的工作未來，人工智慧會更持續的進步。除此之外，人們也能逆向操作的把技職工作結合現代知識，讓技能更進步。更重要的是，在新冠疫情期間的工作轉變或企業轉型，都會在疫情後持續，無論是遠程醫療與遠程法庭，或是電商增加與外送平台的盛行，還有學校的網路教學等，這都說明一個事實就是：人必須不斷的進步。

在未來的工作，無論是哪一類別，在目標前行的過程中，總是會有人冷嘲熱諷地試圖影響我們的鬥志或選擇；但是，請你千萬不要被周遭負面的聲音所影響，只要你知道你的能力、專長與興趣，就能夠在任何時刻把你的專業升級。新冠疫情下的工作未來，其實可以是很寬廣的，不要擔心自己被人工智慧時代淘汰，只要自己願意不斷學習就是新冠疫情下的工作未來保障。

## 什麼是「順應趨勢」的新冠疫情衝擊下的工作未來「形式」？

　　新冠疫情衝擊下的工作未來，就是以新冠疫情期間，企業因為疫情的轉型，讓商業模式從傳統店面增加更多電商，讓過往的電影劇院轉變為 Netflix 等類別的電視與網路可觀看的電影與影劇。傳統醫療，也發展出「網路醫療」的加入；傳統法庭，也是增添「網路法庭」的選項。在教學方面，無論是學校的課程，還是課外的學習，遠距線上教學，也是新增進的模式。因此，未來新冠疫情衝擊下的工作未來，就是會「部分」持續的順應新冠疫情期間的轉型模式持續運作。

　　但是，新冠疫情衝擊下的工作未來，也會隨著疫苗施打的普遍，讓工作型態恢復新冠疫情以前的模式，也就是「員工回歸辦公室」工作。根據 CNBC 在 5 月 4 日 2021 年的報導「厭倦了 Zoom 通話和遠程工作的杰米·戴蒙（Jamie Dimon）表示，通勤上班將捲土重 」（Jamie Dimon, fed up with Zoom calls and remote work, says commuting to offices will make a comeback）[9]。

　　摩根大通首席執行官（CEO of JPMorgan）表示，雖然杰米·戴蒙（Jamie Dimon），對居家辦公的員工的更大靈活性感到滿意，但這不能替代辦公室工作。

戴蒙說：「我將取消所有 Zoom 會議。」「我受夠了／我不要再如此做。」（I'm done with it.）

這樣的情況，其實是很多企業主的心聲。因為遠距工作與居家辦公，大多數的員工雖然也盡心盡力，但是對於企業主來說，遠距工作仍然比不上在辦公室的紀律。就像此書第二篇「新時代，上班族與公司變化」當中提到羅賓‧鄧巴（Robin Dunbar）在 BBC: WORKLIFE, Coronavirus: How the world of work may change forever2（「BBC 新聞：職場生涯」冠狀病毒：工作世界將如何永遠改變）。提到過往（遠端工作）並沒有持續很長時間——出於三個很好的原因。

根據很多媒體的報導，員工居家辦公還是很容易分心。因此，新冠疫情衝擊下的未來工作「方式」，會因為新冠疫苗施打的普及，開始恢復至新冠疫情之前的「回歸辦公室」。有部分企業，也表示會以「辦公室工作（加上）遠距工作」兩者混合工作。

至於，新冠疫情衝擊下的工作未來「技能」，就應該以自己擅長的能力為主，不應該一窩蜂地跟著「流行」走。只要每一個人都要把自己最擅長的領域展現出來，並且深耕之後猶如我在此書第三篇提到的專業「八爪魚」模式。我深深的相信，**最好的未來工作就是把每個人最「特別」（unique）的部分引導出來**，也就是協助每個人積極

探索、開發自己的潛能。之後在職場上根據自己的資質與
天賦，訂定一個目標，接著一步一腳印地往目標前行。

# 5. 做一個高價值員工，職場離職要注意「不競爭條款」以及「限制盟約」

在德商工作的時候，有一天我在公司休憩客廳的咖啡吧台取咖啡的時候，發現咖啡檯上剛好沒有乾淨的咖啡杯，當我正想要回辦公部門拿我自己的馬克杯，坐在員工休憩室的其它部門同事，示意我打開咖啡吧台上方的櫃子，當中有一些杯子。

打開櫃子之後，我發現有許多各式各樣的馬克杯，當中有一個杯子，上面印有一名女子的照片。

別部門的同事 A 看我站在櫃子前觀望杯子，就走到我旁邊，她注意到我注視著那一個馬克杯，就對我說道：「那些馬克杯都是前任職員的！」

那位同事隨手就拿起我注視的印有女子頭像的馬克杯，那名別部門的同事告訴我：「那位離職女同事是研發部門的。」那位同事繼續說道：「研發部門在我們公司是

最可憐的部門，因為太過注重結果。」

同事 A 繼續對我說到，那位女同事目前與我們公司有官司。

那個時候，我正想要問，到底是離職的女同事告（前）公司，還是我們公司告離職的女同事。

想不到，別部門的同事 A 似乎知道我想要問什麼，她立刻就講：「公司現在對離職的那位女員工提出法律訴訟，因為離職的女員工，到我們公司的競爭者公司工作，並且把她之前在我們公司的很多資訊都提供給她現任的公司。」

後來我知道那名離職的女員工，負責很多研發部門的工作資訊。所以這樣的離職，就是因為那名離職女職員沒有遵守「限制盟約」（restrictive covenants），難怪引發後續的法律訴訟風波。

## 離開職場霸凌的環境，來個華麗大轉身，有時候是更好的選擇，但是一定要注意職場的「限盟制約／限制性契約」（Restrictive Covenants）

職場中，基於很多因素，員工主動離職是常見的現象。有時候是離職是因為薪資，有時候是因為受不了職場

霸凌，但是無論你是因為哪一種原因想離開現有的公司，你一定要記得離開職場，最重要的就是要確定自己不是因為要躲避職場的不順遂與不快樂，而是你已經盡力處理過你遭到的職場不公平。那些職場霸凌，都是你不需要受的氣。只要你知道，你要離開，是因為你想要有更好的職場生涯，要讓自己在更好的職場修道場進階。

但是，這當中有一個相當重要的部分就是，**所有的離職者，都需要注意自己公司當中的「限制盟約」，也稱為「限制性契約」，這是現今職場相當重要的概念，也是離職員工一定要做到的部分。**

**「限制盟約」就是該產業當中對於離職員工的「限制」。**這樣的限制在當初你進入公司的勞動合約（employment contract）就應該詳細記錄。因為各個行業，都有許多的「機密」，以及不希望「同行競爭」知道公司的內部業務祕密。所以當你要離職投入同產業的不同公司的時候，絕對要注意到這點。

這樣的「限制盟約」乍看之下，像是公司對於員工的限制，**有些離職者更會曲解「限制盟約」是一種限制。但是，事實上這樣的「限制盟約」不只保障原公司，也是等於是離職者對於原公司工作內容的負責。**

要知道，我們在職場遇到不公平，無論那樣的不公平來自同事或者上司，那畢竟是有關「人」的問題。但

是，我們在職場要做到「專業度」，就要「保護」我們工作的內容的「事」。所以要離職，就要在職場事務上的收尾做得盡善盡美。

## 「限制盟約」是員工離職華麗轉身之前，最需要做好的部分

根據 Government of Canada「加拿大政府網站」，有關「restrictive covenant」（限制盟約）限制性契約，以任何方式影響或意圖影響納稅人，或與納稅人不公平交易的另一名納稅人對財產或服務的獲取或提供，它可以採用以下兩種形式之一[10]：

「限制盟約」當中的主要兩個要點：

　1 雙方之間的安排

　2 對利益或權利的承諾或放棄

「限制盟約」通常可以在涉及企業買賣、公司股份或合夥權益的協議條款中找到，此類盟約通常會持續指定的時間，並可能適用於特定的地理區域。

# 對於加拿大政府對於「限制盟約／限制性契約」（Restrictive Covenants）的上述內容，我在以下以我的見解做出說明

### 1. 雙方之間的安排

「限制性契約」通常要注重雙方安排「不競爭條款」（non-competition clauses）。

這樣的條款，雇主可以避免離職員工的競爭，無論離職員工自行創業，還是選擇到雇主同行競爭者的公司工作，這樣的競爭就會存在雇主利益的損害。

離職員工不要為此條例感到不舒服，因為這樣的趨勢不只很多國家有此法律規範，而且對於離職者其實也是好的方式。因為離職者如果自行創業，才不需要迫使自己陷入小蝦米對抗大鯨魚的壓力。

這樣的「避免競爭條款」因產業不同與公司不同而有訂定的差異，原則就是在「僱傭結束後」。舉例半年內，離職員工不會在該地區辦一家與雇主類似的公司在同一個城市。

這樣的條款限制，主要就是在避免競爭，因為離職員工常常在原公司已經與客戶有相當好的生意關係，因此當員工離職時，很多客戶其實是跟著原公司當時負責的職員走。也就會有一個情況就是離職員工的離開，常常等同

於無形中攜帶走原公司的客戶。

因此，原公司為了顧及這樣的商業損失，就會訂定離職員工的「非招攬條款」。對於離職者來說，就算在原公司遭到很多職場霸凌，也一定要在離職的時候做到這些公司訂定的「限制盟約」。

## 2. 對利益或權力的承諾或放棄（An Undertaking or a Waiver of an Advantage or Right）

有關員工離職，**「對於利益或承諾或放棄」意思就是指離職員工，限制使用公司的「機密」**。換言之，任何有關公司的重要內容與文件都不可以拿走。通常公司在員工離職的當下，就會立即停止員工登入公司電腦的密碼，也會立即停止員工的公司內部電郵。

但是，問題就出在人腦有時候比電腦更精準，很多離職的員工對於前工作的內容根本就是耳熟能詳，因此如果離職後立即投入公司「同行業」或者「競爭者」，就會造成原公司利益的損害。所以這就是「限制盟約」存在的原因。**這樣的限制是從員工在職期間到員工離職「之後」都有限制。**

除此之外，上述加拿大政府網站提到的「限制盟約」，有「指定的時間」，並可能是用於**「特定的地理區域」**（specific geographic area），這樣的意思就是指，離職員工

在僱傭關係結束後，不會到競爭者公司的城市所在地。舉例而言，有些工程師必須簽署「限制盟約/限制性契合」，保證離職後不會到「某區域」或「某國家」的公司就職，這樣的「限制盟約/限制性契約」是有期限的限制。

所以，一定要記得，離職之前，一定要深思熟慮，而不是意氣用事，必須是因為你個人想要讓自己未來的職涯有更好的提升。因為任何公司都不會因為你的離去而無法生存，但是你的職涯改變會影響你未來的人生。所以，要離職之前，一定要把自己的職場修道場當中的內外功課完成，才能轉身投入下一個職場。因此，離職時候，做到負責任與完美收場是相當的重要。

離職負責任，當中最重要的就是上述的「限制盟約」要完全做到。就算公司沒有特別規定離職的「限制盟約/限制性契約」，身為職場負責的職員，也要做到對公司做到保密「機密訊息」（confidential information）。

要成為一個高價值員工，不只要展現你個人在職場的能力，更要展現離職的負責。因此唯有在「職務保密」的意識中，做到保護前公司的利益，也等於保護自己離職之後與前公司有任何的糾葛，甚至會有法律糾紛的延續。所以，也要在離職的時候做到「限制盟約」，讓自己避免在離職之後，避免職場風波的延續。

職場霸凌

# 「人際篇」

**職場男女關係，是忌諱，還是祝福；
是「性騷擾」，還是真愛？
在職場需要注意的「情感霸凌」**

　　亨利與珍妮在公司中總是常常一起在員工餐廳吃飯。亨利是在工程部門，珍妮則是在設計部門。

　　有一天在公司部門，忽然接到兩個人的喜帖，這樣的情況讓人感到相當開心；但是有收到喜帖的人都沒有感覺驚訝，因爲常常看到兩個人在員工餐廳同進同出，貌似親密。

　　但是，並不是所有的職場同事常常一起吃飯，就是代表互相有愛意，因爲大多數的情況只是基於同事在同公司，所以就一起吃飯。

　　其實，我當時很多同事之間互相產生情愫，最後戀愛結婚的例子也不少。當中我記得電腦部門的一個西人女士與研發部門的一名日裔加拿大男士是夫妻，但是那兩位在公司都很少同進同出。我也是經由部門女經理跟我閒

聊之間才知道的。那兩位在公司做事低調，有一次我有機會到電腦部門與那位西人女士寒暄聊天，她提到她與她老公在週末會帶兩個就讀幼稚園小孩到動物園的一些有趣事情，但是，她就是沒有提到她的老公是任職在同公司的研發部門，這是一種避免公司同事太過於注意兩人感情發展狀況的處理方式。

這些辦公室的真愛，能夠進入結婚禮堂，是很讓人祝福。但是，職場的同事互相聊的來，並不意味著那就是雙方都有愛意，有時候只是一方的會錯意！

當時部門同事提到她的朋友所任職的金融公司的事情。她朋友與同部門的另一名男士常常需要一起出差公事，那樣的出差僅限於白天在一起，之後下班時間兩人就各自離開。有一次出差，男方把手放在女方的大腿，那時候女方不開心地制止男方。男方表示兩個人之前出去，有時候男方把手搭在女方的肩上，女方並沒有制止，怎麼現在把手放在女方大腿，女方就大聲制止！

根據我部門女同事的描述，她的女性朋友感覺大腿內側是私密部分，所以不可以讓同事觸摸。隔日那位女性向那間金融公司的公司主管提出對那位男同事「職場性騷擾」（workplace sexual harassment）的內部報告，並且揚言如果公司不處置，就要向人權協會（Human Rights Society）尋求法律途徑的申訴。

在職場中，找戀愛交往的對象，是好還是壞？

在職場找交往對象好嗎？有人說「好」，有人說「不好」，**那麼到底可不可以在職場找對象？**

**其實，這樣的問題沒有絕對標準的答案。最重要的其實是：「不要讓你所找的對象，變成你在職場的負擔」。**

我忽然想到，大學時期的學術顧問所給我的建議：「千萬不要在職場找對象」！

我記得在加拿大大學畢業前夕，我去找我的學術顧問跟她道別。就讀大學期間，每個學期開學前，我都一定會請教學術顧問，關於我的課程安排，因為有些課程必須先修（prerequisites）。因此，我是相當尊重我的學術顧問的建議。

畢業前的會面，學術顧問給我一個大擁抱，她以依依不捨的眼神告訴我：「如果妳想要讓自己的職場生涯有所提升，最好就是不要約會公司的任何人！」（If you want to advance your career, a priority is to not date any person in your workplace!）

這兩句話雖然是我學術顧問的個人看法，卻也是我在職場謹記的座右銘！

因為，由我周遭朋友的職場經歷，我觀察到在同一個公司談戀愛，一剛開始的時候，似乎很愜意。但是，隨著感情年數的增加，當中的衝突也會添增，慢慢的總是會

有一些情緒會在公司中散布。如果有加上兩人感情生變，很容易造成其中一方必須離職來避免兩人分手後的尷尬。但是，這只是我知道自己的個性不適合與同職場人戀愛，其實，很多人在職場中也找到適合自己的優質伴侶。

## 不要因為職場的男女關係，影響自己與公司成員的互動

職場中，男女的交往，一定要避免兩人過度「黏膩」，因為，兩個戀人在同一個公司，如果沒有做到有自己的發展空間，就會失去與同事互相關照與互相學習的機會，也會失去在公司專心學習的狀態。

在職場的男女交往，兩人要避免在公司過度親密。

戀愛中的男女交往，容易如膠似漆，這樣的舒適狀態，有時候是因為交往的兩人過於專注在兩人世界。雖然，在職場的戀情，看似兩人可以互相關注與扶持。但是，這樣的形影不離，容易讓兩人過度依賴，而造成工作的分心。

我知道很多在同一個公司任職的戀人，不只在公司休息時間與午膳時間兩人膩在一起，甚至在平日公司舉辦的活動，都是隨時黏膩。其實，那樣容易「妨礙自我成

長」！因為，感情的交往是有「變數」的，當戀人的形影不離，成為兩人生活的一個慣性，那麼自己的生活，也很有新的進展。

在外商「員工互動」是相當重要的！在外商員工互動的重要，原因不是因為休閒，而是外商非常重視「合群」。所以，如果公司的情侶，總是兩人黏膩在一起，就會錯過許多群體學習的機會。


## 不要因為職場的男女交往，失去職場生產力

職場如戰場！必須時時刻刻警醒！

兩人在職場的互相依賴，雖然可以有心靈的安定，但是，交往後的分手，有時會造成兩人在同公司做事的心結。職場男女交往分手後，待在同一個公司，多多少少還是會影響到工作的心情。

因此，在職場如果真正有心靈相契的合適對象，就必須時時提醒自己，要在職場全心全意的高效工作，因為，在職場要鞏固自己就要有職場競爭力。所以唯有無旁鶩的專注，才能夠有好的職場生產力。

職場是殘酷的，如果你的工作效率，因為與同公司的同事或上司交往，而受到影響，那麼你的職場生涯也很

難順遂！當交往的過程順風順水，你是不會感覺同公司交往對象給你造成的壓力。但是，當兩個人在同公司交往出現波瀾的時候，很多人都被同公司的交往對象，或多或少的影響工作心情。

因為，心境會影響一個人在職場的生產力。在職場，唯有讓「心」不為所動，不會被外界的負面情緒影響，你才能真正全心全意地在職場發揮最好的自己。這樣的職場生產力，最好不要摻入任何感情的因素。戀人在同一個公司工作，要管理好自己的心，這樣才不會有時產生對現狀的無力感。

因為，職場中的男女交往走至爭吵或者分手的階段，就算自己想要管理好受傷的心，也會因為與對方處在同樣的環境而分心。生產力需要「專注力」！生產力就是需要用無數的工作細節，耐心專注且高效率的累積工作成果。

如果兩人在職場的交往，成為兩人在職場生涯的負擔，那麼那樣的戀情，也很容易無疾而終。

當然，我不是鼓勵職場男女遇到合適對象需要放棄交往，而是要知道要在一份工作中有所斬獲，必須要「全心投入」，把所有的私人感情在職場的環境，都暫時的擺在一旁，才是理智的方式。在職場上的男女交往，本身沒有對錯，只要在職場能夠「把持自己的情緒」，那你就好好地迎接工作戀情。

# 和上司交往也是一個「未爆地雷」

在公司中與同事戀愛，情感的高低起伏，容易影響工作，還不至於被解僱。但是，與上司或老闆交往就會有被資遣或解僱的可能。

因為下屬與上司的戀情一開始一定是好的，因為下屬欣賞上司的工作能力，上司也喜歡下屬的崇拜。但是萬一兩個人之後感情生變，不只職位會不保，薪水也可能變動，最可怕的可能還會遭到被離職。上司要資遣員工，找一個「不勝任」的理由就可以；或是找出員工「工作違規疏失」的部分，就可以解僱員工，不用付資遣費。

尤其公司的閒言閒語很多，有些員工在公司中不敢批評同事與上司交往。但是在平日員工下班的聚會，部分人就容易繪聲繪影的談論，並且會貢獻觀察，讓同事們知道公司上司與某位員工的互動。

這樣的情況就會出現兩個極端的現象，其一，同事們私下批評，但是在公司就會對那位被老闆偏愛的同事特別禮遇。其二，同事們私下批評，並且在公司集體對被老闆偏愛的同事特別冷落，甚至有時候會形成類似「集體冷霸凌」那位被老闆偏愛的女同事。

為什麼會有這樣的現象呢？

原因就是每一個公司的職員的個性不同，所以對於

上司偏愛的職員的反應也會不同。所以有的員工會選擇專心工作，不把上司偏愛哪一位員工的事情當一回事。但是，有的人就會刻意冷淡被上司偏愛的同事，因爲感覺職場不公平。也有一部分人會擔心工作不保，所以對於正在與上司交往的同事就會特別禮遇，因爲明白得寵同事的話語權增加。

但是，公司內部人事總是會有變動。有時候上司發現公司職員對於得寵者的疏離或奉承，也會修正對偏愛的那名員工的態度，因爲畢竟要盡量讓職場和諧有工作效率。除此之外，感情有時就會生變，會出現上司喜新厭舊，與之前交往的下屬分手。尤其，很多上司害怕事情延伸出太多複雜的狀況，也就逐漸疏遠交往的對象，交往的對象有時候也會被逼離職。同時，有時候與上司交往的當事人承受不住人言可畏因此離職，這樣的事件在職場也是常常聽到。

所以在職場的男女交往，是忌諱，還是祝福，實在很難說！因此，無論你在職場選擇要與上司交往，或是選擇不要與上司交往，最重要的部分還是在職場，要憑著眞本事，才能夠走得光明正大。

# 在職場要小心職場性騷擾，關於「職場性騷擾」（Workplace Sexual Harassment）的內容

職場性騷擾，包含言語（verbal）與肢體（physical）。

以下兩個問題，是員工在台灣「性騷擾」常見的法律問題。

陳冠仁律師說明：

Q：在台灣的職場遇到「性騷擾」，員工要如何提出訴訟？「職場性騷擾」可以提告的管道與方式？

A：刑事案件，向檢察署或是警察局提告。民事案件，向法院提出民事起訴狀。

Q：在台灣，遇到「性騷擾」事件如何申訴？「性騷擾」事件是否可以和解解決？

A：這就是單純的民事或刑事案件，依照民事刑事程序來走，沒有所謂的申訴問題。只是刑事部分是告訴乃論罪，可以經由和解撤回告訴（就像傷害罪一樣）。

一定要記得：「性騷擾」是可以提告的。更準確的說法是，目前全球先進國家的趨勢，對於「性騷擾」的防治與懲處是相當重視的。

在性騷擾的言語方面，在職場中任何帶有「性」的語言暗示，當中的內容會造成你的不舒服，那樣的語言就是性騷擾。在性騷擾的肢體碰觸部分，當中的行為碰觸，沒有經過當事人的同意，就是屬於職場性騷擾。

## 肢體接觸，必須詢問對方的意願

此文，我同事表示她的女性朋友提到，那位男士認為兩個人有曖昧情愫。但是，女方堅持「完全沒有」。部門女同事說她的女性朋友，只因為公司把兩個人分配一起出差，所以不想把兩個人的互動氣氛變得太僵，才會容忍男方常常把手搭在女方的肩膀。但是，女方堅持，大腿內側是接近私密處，男方撫摸的方式，那樣就是屬於「身體上的性騷擾」。

這樣的反差，讓人不禁要對職場男女關係特別小心。因為職場男女關係，是忌諱還是祝福，完全取決於「兩人共識」，而不是一方揣測。

除此之外，男女的互動，是真愛，還是「性騷擾」，一定要「徵詢對方同意」，也就是在職場中的任何碰觸，一定要對方同意，才可以有肢體的碰觸。

這個時候或許讀者有疑問，難道在職場如果遇到同

事摔倒，要協助同事站起來難道還要問：「我可以攙扶你嗎？」

其實答案就是：「是的」！

在外國，就算是學習滑雪等運動，小心謹慎的教練，在學員滑雪時摔倒都會問：「我可以扶你起來嗎？」如果學員說：「可以。」教練才會協助學員爬起，否則教練就會只給出指令，讓學員自己從雪地以教練所說的步驟自己爬起。

在職場也是一樣。職場一定要確定對方的意願，凡事問清楚。現在外國，連男女朋友要有性行為，有的人甚至必須詢問對方的意願，是「可以」，還是「不可以」，以免最後把兩情相悅，變成一方強迫的「性騷擾」事件。

## 職場上司或同事的「性逼迫」，是觸犯了職場霸凌的「條件式性騷擾」（Sexual Solicitation）的職場性霸凌

「條件式性騷擾」也是一種性騷擾。與上述的語言性騷擾和身體性騷擾略有不同，「條件式性騷擾」通常出現在「條件交換」，也就是「以性交換權位或利益」。

也就是說，職場中有高權力的人，如果用「性逼迫」

的方式，逼迫下屬性行為，並且用「交換條件」的方式，那就是屬於職場霸凌當中的**「條件式性騷擾」**。

當上司如果讓下屬有條件交換，舉例而言，如果上司向下屬提出兩人上床，之後就會幫下屬升遷，或是加薪，這樣的行為就是屬於上司對下屬有「條件式性騷擾」，也就是職場的性霸凌。

在職場，如果你遇到同事或上司不斷的釋出愛意，但是你卻不喜歡，也一定要知道如何說「不」！當你在職場拒絕同事或上司，但是對方卻又不停的冒犯你，這樣的情形，對方如果是同事，你可以往上級主管陳述。但是，如果你遇到的是上司對你的性騷擾，在你說「不」之後，仍然不停的騷擾你，甚至威脅你，這樣你仍然有解決的途徑，就是尋求法律的途徑。因為「性騷擾」是可以提告，職場中的性騷擾也一樣。

《性騷擾防治法》第 25 條性騷擾罪為告訴乃論罪。「意圖性騷擾，乘人不及抗拒而為親吻、擁抱或觸摸其臀部、胸部或其他身體隱私處之行為者，處二年以下有期徒刑、拘役或科或併科新臺幣十萬元以下罰金。前項之罪，須告訴乃論。」[11]

# 7. 在職場不要人云亦云，職業歧視的 「言語貶低」，屬於「言語職場霸凌」

　　我在外商職場的生存法則就是：必須在自己的腦中裝上一個隱形的濾網，過濾所有在職場聽到的聲音。因為在職場，有時耳朵聽到的並不是真的；有時耳朵沒有聽到的才是真的！

　　在德商，一進公司就有很多同事非常熱心地告訴我，哪一個部門的經理很好；哪一個部門的經理很不友善；哪一個部門的同事是傳聲筒。這樣的好意，似乎傳達著一種訊息就是：你必須「處處小心」，好像在公司隨時會有危險！

　　對於同事們的好意提醒，其實造成工作的壓力，因為我總是在工作場合戰戰兢兢，深怕一個不小心，就會讓自己惹禍上身。所以，剛進公司，我對同事的建言幾乎照單全收，因為我害怕自己會麻煩纏身。

當時我告訴自己：「在職場，對於同事的建議，我寧可照單全收，也不可以讓自己在職場出事」。

雖然，我當時也知道那些意見，有可能只是同事的「主觀意識」，但是，當時的我寧願選擇接受，因為，我剛進公司，也會擔心遇到所謂的「麻煩人物」！

但是，這種小心翼翼的態度，並「沒有」讓我在公司更順遂，反而讓我每天感覺自己活在壓力的籠罩，自己每一天都像上緊發條的時鐘。

有一天清晨到達公司，剛好接到代理商的電郵詢問機器出關日期，我與運輸部門（transport department）確認過流程，就趕緊回覆代理商出貨日期。但是，女經理為了確保細節無誤，因此要我到公司地下室的貨運部門（shipping department）瞭解情況。

但是，那時我心中有點擔心，因為我記得剛進公司的時候，部門的女同事曾經告訴我，工廠部門與貨運部門是藍領人員，對白領特別不友善。

當時我想到同事的叮嚀，但是卻又必須服從經理的交代，因此我迅速從部門坐電梯到貨運部門。離開部門之前，其中一個女同事還對我說：「good luck!」（意指祝我好運）好像我到貨運部門，是一種倒霉事。

那名同事同時走到我旁邊，對我耳語：「要小心，貨運部門的人，是公司中水平最低的，不要在那裡待太

久，趕快回來。」

對於同事的叮嚀，我知道是好意。但是，還好她只是對我耳語，否則女同事提到貨運部門「水準低」的言論，可能會演變成職場「言語貶低」的職場霸凌。

因為在加拿大「歧視」（discrimination）是根據《人權法》（Human Rights Code）。當中歧視的禁止理由，也包含否定個人或群體。

到達貨運部門，那場地非常廣闊，我實在沒有想到公司大樓內部後方的面積如此龐大。在我的眼簾看到的就是包裝部門，大多數包裝的是大型醫療機器，有部分裝的是比較小型的醫療機器。

當我一進貨運部門，工人們就大喊：「有美女來了！」

但是，那時我心中有點害怕，因為不知道如何答腔。但是，我鼓起勇氣，大方的對著他們笑著說：「謝謝你們的誇獎，你們對我真好。現在我需要你們的幫忙，來確定今天要出口醫療機器。」

這時，貨運部門經理出現了，也就是同事口中所說的：最難搞定的人。

但是，這位經理對我相當的有禮貌。當我不知道跟他說些什麼的時候，我看到一旁有一些公司的箱子，比起專業搬家公司所賣的箱子還要好，我直誇：「這些箱子實在太棒了。」

想不到貨運經理告訴我的是，只要我需要紙箱，不管是公司要使用，或者我自己私人需要用，只要知會他一聲，他就幫我準備好全新的貨運紙箱。

　　當時我笑笑的道謝，心想這些紙箱是屬於公司的物品，怎麼可能讓員工擅自運用。如果我接受了貨運部門經理的好意，不就等於我動用公司物品而惹麻煩。

　　但是，後來我由我部門女經理得知，公司可以讓員工拿取紙箱，甚至在員工搬家時，都可以使用公司的貨運卡車。

　　幾個月之後，我搬至較大單位的住處。貨運部門經理為我準備了好多紙箱，還讓研發部的德國男同事駕駛公司貨車協助我搬家。

　　原來，貨運部門經理並不是像部門同事們形容的那麼可怕。因此，我了解到，在職場「『不可以』人云亦云」！

　　在德商工作的期間，對我最為友善的兩個部門就是「運輸部門」與「工廠部門」，但是，那卻是我剛進公司時，部門同事提醒的最難搞的部門。

　　因為這樣的經歷顛覆了我的人生觀。我發現：「一個人的善良不是來自於學歷，而是來自於人的真誠」！（A generous person is defined from his or her sincerity, not by his or her academic qualifications.）

貨運部門與工廠部門的員工對人的眞誠，是我永遠也忘不了的記憶。

## 在職場租借公司車輛作為私人使用，需要注意的事項

當時我在德商，使用公司貨車，只需要貨運部門經理的同意才可進行。但是，這樣的情形每一個公司都有不同的規定。

當時，貨運部門經理必須確認員工使用公司貨車的日期與時間，只要確保能夠找到會開公司大貨車的同事，公司員工就可以免費使用公司大型貨車，只要歸還車輛的時候，把油箱加滿。而且使用公司貨車，公司已經有車流保險投保，當中的車輛保險不是只有車輛理賠保險，也包含人身安全的保險。這樣的車輛保險，就能讓免費租借公司大貨車的員工，不用擔心萬一在車輛行駛過程有任何的閃失。

但是，對於這樣的事情，有些公司就曾經有過職場糾紛。朋友任職的公司租借車輛給員工，但是因爲沒有寫清楚「**租借合約**」，所以員工還車的時候，資方認爲車輛有刮痕與損害，所以要求員工賠償，最後造成法律糾紛。

所以，在此要提醒讀者，如果要使用公司的車輛作為私人使用，或者使用公司的儀器或機器，最好還是要有「租借合約」。書寫租借合約其實很簡單，就像是你在外面旅遊租車一樣，需要把租車前的車輛狀況、還車情況、加油滿箱、車輛保險等寫在合約，並且在取車前，由雙方都檢驗過車輛是否有刮痕或損壞。

## 要如何辨別提醒你的人是善意還是惡意，分析同事好意提醒的「真偽」

在一個公司中，有些同事或上司會告訴你，哪些事情需要注意，哪些事情需要避免。也會告訴你哪些人需要接近，哪些人需要提防。

但是，以我的經驗，這些人所說的人事物，跟之後我接觸這些人事物的結果，是有反差。

所以在職場聽到同事的建議，要分析同事所提醒的人事物，到底是好意，還是惡意。最容易的方法就是注意說者的「動機」！

但是，很多職場員工可能納悶，對方的「動機」藏在心裡，如何看得出來？

其實，你可以在心裡問自己兩個問題，以區分對方

說話的動機。其一，你與那位同事是否有「職位」利益的關聯？（以雙方立場來思考）；其二：你的同事與他說所提及的人，是否有衝突？

我在德商的那位同事一直跟我強調，運輸部門是很不友善的部門，不要有太多交流。我知道那位同事對我沒有惡意動機，只是她的主觀意識較強。因為那名女同事與我沒有職位利益的衝突，她與貨運部門也沒有過節。

雖然同事對公司貨運部門有言語貶低，但是我學習到：同事也是好意，但是我並不需要隨著同事的看法做事。我了解到：在職場一定要記得在自己的腦中裝上「隱形的過濾網」，讓自己清晰區分當中話語的動機。


## 面對公司派系的「言語貶低霸凌」，如何面對

很多時候，職場的議論，常常是因為公司內部的派系問題，也有一些時候，是因為部分員工之前的職場糾紛，或是一些人會希望在公司拉攏新進成員，成為職場黨派的新火力。所以當中的「口水戰」就會在公司內部產生。

可怕的是，那樣的口水戰，有時候不是在檯面上光明正大地講出，而是在檯面下以言語貶低特定對象。公司老闆都清楚只要有「人」的存在，就會有這些現象的發

生，所以老闆們也通常不會干涉這些員工派系的互相批評。對於資方來說，只要工作目的與業績達成，才是最重要的。而且以資方的角度認爲，在公司中有職員黨派的互相競爭，有時候還能夠形成業績比拼的狀況，所以資方通常不會對公司人事人際方面過於干涉。

但是這樣並不代表上司可以縱容職場霸凌，因爲任何的事情都有「度」。也就是說，任何的事情只要在職場霸凌的水平線之下，輕微的說三道四其實都還可以接受；但是如果職場言語貶低涉及公司利益損害，或者涉及言語霸凌同事，以至於同事的精神無法負荷，那樣的嚴重霸凌，超出職場霸凌水平，這樣的情形資方必須出面處理。因爲同事之間的嚴重職場霸凌，如果蔓延至受害者尋求法律途徑，也會損害公司聲譽。

**在職場不要人云亦云，同事的看法要過濾！（Develop your own judgment in the workplace! You should filter the opinions of co-workers.）**

新進職員一定要記得過濾同事的說辭，才不會讓自己還沒有在工作有所成就之前，就沾染了一身職場糾紛。當你對職場不熟悉時，千萬不要在職場道聽塗說，那樣容易會影響你對職場局勢的判斷，也會影響你的工作專注以及工作效率。

新進員工與職場資深者不同，公司資深者在工作上

已經駕輕就熟，所以在人事黨派方面的事情花時間，仍然不會影響工作績效。但是，資淺的新進員工，如果有太多的人事糾紛，就很難在工作中有好的效率。所以，在職場必須在腦中裝上濾網（set an invisible filter in your brain），不要輕易聽信同事的好言或惡言，應該用自己的眼睛觀察，用自己的心中感悟，再用自己腦中思考所有的資訊。

很多時候小道消息可能是錯誤的。除此之外，在職場同事轉傳其它同事或部門的負面消息，你千萬不要跟著別人的謠言批評。因為當那些謠言傳到當事人的耳中，如果當事人認定傳話的言語貶低，造成當事人的傷害，如果當事人提告，那麼你也可能就成為當事人向上級投訴的職場霸凌人之一。

在公司中要避免人云亦云，只要把話題引導至生活上的閒聊，而不是針對公司特定同事或部門的討論，這樣就可以避免言語糾紛。在職場，你很難完全避開愛批評人的同事，尤其很難完全杜絕隨時損口德的同事，因為有時候有職務對接。但是，只要你堅守一個信念：不要用耳朵聽信周遭同事對於職場人事物的議論，而是要以自己的「心」，好好的觀察工作環境的人事物。

因為，**有時你聽到的，不見得是真的；而你沒有聽到的，有時才是真的！**

# 8. 在職場不要加入公司小道消息造成「妨害名譽霸凌」，因為危險就在你身邊

德商公司有一個辦公室很詭異，當中坐著兩個人，而且辦公室有沙發組與玻璃桌。這樣的情形在德商很特例，因為當時德商每個辦公室部門的人員都很多。除此之外，公司只有五位副總（VP）可以各自有獨立辦公室加上有沙發與玻璃桌的小客廳。

更奇怪的是那一個部門外面沒有釘上鐵片製作的部門名稱，而且，那部門的兩個人，基本上不太與公司的員工打招呼。

那兩人，大約都在六十歲左右，而且這兩人的辦公室都很少有任何人進去，也就是意味著那兩人組成的部門的業務很少跟別部門有對接；而且我每次從走廊經過，遇到那「兩人部門」的那位女士，她也只是跟我點個頭，並不會跟我多交談。

有一天，我實在忍不住問同事，因爲我實在太好奇那個「兩人部門」。

　　我忍不住問了資深同事，到底那「兩人部門」是負責公司哪些業務？

　　想不到一直對人蠻友善的同事，忽然用一種嗤之以鼻的語氣，小聲地在我耳邊耳語，告訴我：「那兩位是『夫妻』，是『德商公司的前身』。也就是，現任德商老闆在二十幾年前由那對夫妻手中，買下公司，之後才把現在的公司擴大爲醫界醫療器材研發的龍頭。」

　　但是，我實在不明白，爲什麼企業轉賣之後，那夫妻還待在公司？

　　女同事似乎可以猜到我心中的疑問，不需要我開口問，女同事就說道：「那對夫妻把經營的公司賣給現任老闆的時候，在合約上加上一個條例，就是兩人要「終身在此公司上班」。因爲他們兩夫妻要親自參與公司的成長。

　　女同事強調，那對夫妻目前在公司完全沒有任何高層決策權利。可是那對夫妻仍然堅持要待在公司。

　　女同事繼續以一種很感慨的語氣說道：「如果是她把自己的公司賣給新的經營者，就絕對不會在公司轉售後，還繼續留在原公司！」

　　但是，畢竟這個世界上每個人都有不同的想法，我相信那對夫妻對於他們自己所創辦的公司一定有難割捨的

心理層面。

女同事的小道消息指出，德商公司的會議，並沒有讓那對夫妻參與，雖然那對夫妻兩人曾經爭取成為公司 Vice President（副總），但是，現任老闆並沒有同意。因為德商老闆不希望公司前身的老闆，影響現在公司的運作。

當然，這些都是公司的小道消息，當中的準確度有待考證。但是，就算這些都是事實，我還是不敢再轉述給別部門的同事，因為在職場要盡量避免話語轉傳，因為話傳話常常會變質。

在職場任何損害同事名譽的事情，最後就是會惹禍上身。

雖然，我不明白公司那兩位前老闆，在售出公司之後，堅持留在已經易主的公司當中的內心想法。但是，從這一件事情，我學習到一個職場哲學就是：「每一個人在職場中，都有一個故事」。

這當中的故事有的複雜、有的簡單。但是職場不變的原則就是，對於同事的私事，最好不要加入討論！因為，你永遠不知道，知道別人的祕密之後，是會被列為同夥，還是會被列為敵人！

而且，在公司聽到的小道消息，只可以「寧可信其有，絕對不可以全盤相信」。

因為你如果全盤相信公司的小道消息，就會在公司

影響你的行為。因為，在我同事告訴我有關公司前老闆夫妻之後，我發現，過往我見到他們總是微笑，但是後來知道有關一些他們的事情之後，反而讓我感到有些尷尬。因為之前我覺得那兩位是公司同事，但是知道那兩位的故事之後，我就感覺那兩人是「前老闆」，這樣的感覺讓我與對方產生距離感。

## 辦公室壓力的抒發如果藉著公司八卦聊天，容易落入「妨害名譽」的汙名

在一個公司中，很多同事甚至上司會有意無意的告訴你，哪些事情需要注意，哪些事情需要避免。也有人會告訴你，哪些人需要接近，哪些人需要提防。但是以我的經驗，這些人所說的人事物與實際有時候是有反差的。

雖然很多告訴你公司祕密的人當中的「動機」也許是好的，但是，這些公司祕密你聽聽就好，不要跟著討論，也不要跟著發表意見。

我當時所就職的加拿大德商公司，其實也有許多公司小道消息。公司的同事，在休閒時間，總是會告訴我公司的「祕密」。其實，聊天在辦公室是非常好的放鬆方式，因為聊天可以讓人在工作的時候抒發壓力，當然這樣的方

式，並不是每個人都適合，必須喜愛與人聊天的個性才行。

　　但是，聊天要注意到不要探討別人的隱私。其實我在辦公室很少探討別人的私事，但是那對夫妻的辦公室與我們辦公室只隔著走廊，而且部門的隔牆又是透明玻璃，所以我實在是太常看到那對夫妻，因此還是不小心問了同事。

　　在職場聽到的風風雨雨，最重要的是要知道如何區分你聽到的聲音；也要知道如何分辨沒有聽到的聲音。

　　有一些人在公司會先批評某位同事，之後就問你對那位同事的看法。**如果你為了取悅同事，也同樣批評，那你之後有可能被反將一軍。因為有的同事會惡人先告狀，到處說你散播某位同事的壞話。**

　　雖然壓力的抒發可以藉著與同事的聊天，但是人多口雜，很多辦公室的是非，會變成法律的訴訟，「毀謗罪」在這個世代是很令人重視的部分。

　　**在加拿大毀謗罪（Crime of Defamation）可以尋求刑法途徑。在台灣，毀謗罪是《刑法》第 310 條。**

　　在職場中的聊天最好還是以公司的正事為主，其餘的聊天就以生活小事聊天就好，盡量不要談到不在場的同事的是非，因為話傳話有時候就會變質。那時候我的年紀輕，對於職場的任何事情都比較好奇，但是隨著年齡的增加，以及工作經驗的增多，我意識到在職場的小道消息，

如果沒有小心控制，就會變成妨礙名譽的舉動。

在此列出有關「公然侮辱罪」、「誹謗罪」、「職場隱私」等問題，由明冠聯合法律事務所主持律師：陳冠仁律師說明。

**Q：在職場，同事之間或者上司對下屬在眾人前的「言語貶低」是屬於「公然侮辱」，在台灣公然侮辱是觸犯刑法的，觸犯的法條為何？**

A：《刑法》第309條：公然侮辱罪。《刑法》第310條：誹謗罪。

**Q：在台灣如果被裁定犯有「毀謗罪」，有何罪行？**

A：在台灣如果被裁定犯有毀謗罪，《刑法》第310條，「意圖散布於眾，而指摘或傳述足以毀損他人名譽之事者，為誹謗罪，處一年以下有期徒刑、拘役或一萬五千元以下罰金。散布文字、圖畫犯前項之罪者，處二年以下有期徒刑、拘役或三萬元以下罰金。對於所誹謗之事，能證明其為真實者，不罰。但涉於私德而與公共利益無關者，不在此限。」[12]

**Q：員工被毀謗，損及名譽，那是要告「毀謗罪」**

還是「妨害名譽」？

A：誹謗罪是《刑法》的罪名；妨害名譽則是《刑法》的章節，《刑法》妨害名譽章節包含：誹謗罪、公然侮辱罪、對死者公然侮辱罪等。妨害名譽是章節，一個章節內會包含很多法條罪名。

Q：「公然侮辱」與「毀謗罪」，有何不同？

A：《刑法》第 309 條所稱「侮辱」及第 310 條所稱「誹謗」之區別，前者係未指定具體事實，而僅為抽象之謾罵（比如罵人家白痴智障等）；後者則係對於具體之事實，有所指摘，而提及他人名譽者，稱之誹謗（比如誣指人家工作貪汙、考試作弊等）。

Q：如果如同此文的職場隱私之事發生在台灣，有關「職場隱私」（workplace privacy）有哪些法律規範？

A：隱私並沒有法條明文解釋，要回歸實務上法院個案認定。《刑法》針對侵害隱私的處罰，大部分適用《刑法》的妨害祕密章節內的罪責（315-319）。《民法》上針對侵害隱私的損害賠償，則依據《民法》第 195 條。

# 職場霸凌中的「冷落霸凌」常常發生在你的友善回答，在此讓你知道如何避免

進入加拿大的德商公司，是我在大學畢業後的第一個工作。因此，對於能夠有如此好的機會，我對於我的部門的同事都是相當友善。但是，直到有一件事的發生，竟然讓我猶如當頭棒喝變清醒。

有一天部門一位女經理不知道為什麼要自己留在部門，也不要我們從員工餐廳帶食物到部門給她。

通常部門有一張午餐留守名單，也就是每一天中午要留一個員工在辦公室，但是，通常女經理一定要到員工餐廳吃午餐，因為女經理總是用午餐時間關心我們這些女職員。但是，那一天女經理就告訴我們，她有事要留在辦公室，不跟我們一起午餐，所以我就與幾個同事到員工餐廳。

午餐時，選好食物後，部門其中一名女同事問我：

「妳對於現在的工作喜歡嗎？未來會有什麼打算？」

我回答：「我以後要轉往金融界，因為，自己是經濟系畢業，在銀行工作更適合！」

過幾天，下班的時候，我順便載女經理到火車站，她住的地方比較遠，是德裔聚集的城市，所以搭乘的火車是屬於通往郊區的遠程火車，不是多倫多市區的火車。聽女經理說過，一趟通勤的時間是一個半小時，那麼早晚通勤加起來的時間就是三個小時。

我曾經問過女經理為什麼不搬到多倫多離公司較近的地方，因為我知道女經理的先生也是在多倫多上班。

女經理回答：「喜歡住在德國人多的地方。」

那一天，我開車載女經理到火車站，這樣她就可以節省兩小段車程，因為不需要轉車至火車站。我這樣的舉動，其實就是舉手之勞，因為我下班的路途，開車要上高速公路也是一定要經過火車站，所以我常常載女經理下班。

但是那天女經理問我：「妳是不是很快就要到銀行工作？」那個時候，我心中立即知道，肯定是部門女同事轉述我當日在員工餐廳與部門女同事們的對話。當下我邊開車，邊跟女經理說：「那也是好幾年之後的事情，我很喜歡目前的工作，也很謝謝妳一直很栽培我。」

當時我的心中出了一身冷汗，因為當時在公司對於進出口程序已經得心應手，工作環境與工作都感到相當勝

任。但是，聽到女經理的問話，我當下立刻意識到，在工作場合千萬不可以傻傻地回答同事的問話。在職場與工作無關的問題，如果有問必答就是大忌！

在職場，年輕人換工作，是很正常。但是，千萬不可以老實的讓上司或同事知道，你未來想要換工作的意圖，因為那樣會讓你在還沒有離職之前的日子，就會讓你在現任公司當中坐如針氈。

我事後回想，其實當時同事問我「未來工作會有什麼打算」的時候，我並沒有多想。

但是事後我檢討，公司部門有許多內部調動的考績機會，需要女經理的評估，也需要公司不同派系上司的支持。我發現我有點落入其中一個女同事的圈套。雖然，那樣那位女同事的行徑並不是職場霸凌，因為情節算小。如果換一個說法，應該說是那位女同事總是口無遮攔，也愛嚼舌根，喜歡亂傳話。

也因為那一次的「不小心」回答部門同事有關我對於之後的職涯規劃之後，我大約兩個星期，女上司對我在工作中有點「冷落我」；尤其在工作分配上總是故意把我原本負責的部分全部拿去自己做，**讓我在當時的兩個星期工作看似落得輕鬆，其實屬於坐冷板凳。**

後來經過我很多次低聲下氣的與經理溝通，加上女經理也算是明理人。還有我平日與女經理的互動甚好，因

此那次的「冰凍事件」才能夠沒有持續。

**畢竟遇到「冷霸凌」，還是要「熱處理」！**

但是，員工要與熱情來面對上司的冷板凳，光靠員工一方努力也沒用，必須要上司與員工都「雙方」願意冰釋前嫌。所以，職場新鮮人，一定要清楚，對於直屬上司的反應，你要冷靜辨別。分辨上司是惡意的，還是因為上司可能有所誤解。

在職場要避免自己不要陷入被「冷落的霸凌」，也稱為被「冷凍的霸凌」。最簡單的方式，就是在工作中盡心負責，但是在職場相處中，就「一定不要把私事全盤告知對方」！

雖然職場強調「職場平權」（employment equality），但這樣的說法只是理想。因為現今的職場，還是充滿許多職場不平權的事蹟。不經一事，不長一智！不管在哪一個公司工作都是需要知道哪些事情需要「守口如瓶」！

# 面對上司「冷凍下屬的職場霸凌」，不給工作分配，你如何做？

很多職場員工與上司有衝突的時候，常常會被上司故意冷落，並且「不給工作職務」，讓員工每天呆坐在辦

**公室，其實也是一種職場霸凌。**

　　這樣的動機有時候是因為，公司想要逼退職員，又不想給資遣費，所以想要冷落員工，讓員工自己辭職。另一種情況就是，上司就是對某些職員不認同，因此想要孤立員工。

　　讓員工呆坐辦公室，儘管看似「爽領乾薪」，但是其實過一段時日之後，多數人都會因自尊心受挫而自動請辭，公司也因此可以「省下資遣費」。這樣的刻意不讓員工發揮，孤立特定同事的職場霸凌，其實是很讓人心力交瘁。

　　如果面對公司同仁的言語誤解，產生職場冷落與忽視的職場霸凌，可以先採取向上司示好的方式。以我在德商遇到的女上司詢問我的職場未來方針，女上司聽到我未來是要進入金融業，之後就讓我坐冷板凳；我就先禮貌的向女上司「解釋」，這樣女上司就會自己想看看，知道當中的蹊蹺。

　　如果上司在你已經解釋之後仍然不開心，那麼你就必須想一下這樣的職場氛圍環境是否是你想要繼續努力的地方。很多人遇到在職場坐冷板凳會選擇繼續「忍耐」或者「陪你耗下去」。雖然在法律上，只要你不曠職，每天都去上班，確定工作沒有犯錯（當然面對冷凍霸凌，是沒有任何工作），那麼公司就無法解僱你。但是，這樣的職

場冷氣氛，有時候真的會澆熄你對工作的熱情，甚至有可能會讓你最後離開你最擅長且有興趣的產業。

所以最好的方式就是，認清「有毒的工作環境」，因為遇到職場「冷落與忽視」，並不代表未來在別的職場中也會遇到類似的事件，因為不同的公司有不同的人事文化。你可以做到「換工作，但是不換產業」，這樣才不會浪費你的專長，也可以繼續你喜愛的工作產業。


## 在職場遇到「冷落霸凌／冰凍霸凌」該如何解決？

在職場遇到冷落霸凌的冰凍，很多人會感到自尊心很受傷。面對如同此文，女經理誤解我而短暫的在職場冷落我，那樣的情況，我以低聲下氣，加上熱情的溝通，就有解決那樣的問題。但是，那樣的前提：問題的來源是因為「誤解」。

在職場被誤解，只要冷靜面對，不要預設結果，就能讓這些誤解迎刃而解，必定也會慢慢解決。因為職場很多誤解事件，其實只是一方的無心之過。

但是，如果職場的冷落，是因為對方的刻意安排，那樣的冷落霸凌，就比較難解決。

如果在職場冷落你的人是你的同事，你根本不用擔心，因為公司還有其它同事，可以成為你的盟友。這樣的說法不是要你在公司把精神花在討好別人，也不是要你把時間花在公司結黨。雖然在職場最重要的還是工作能力，但是如果你在工作場合有自己的盟友，這樣冷落你的同事，也比較不敢持續欺負你。

　　但是，如果公司讓你坐冷板凳的人是你的上司，這個時候也是你需要重新思考當下職場是否適合你！

　　就如同我強調過，如果你遇到上司對你冷落霸凌，在工作上完全沒有給你任何工作的指派，那麼你也根本不用害怕。如果你想繼續在公司工作，只要你每天去上班，**不要曠職，那麼你就沒有違反任何公司規定；那樣以法律的角度，任何人都無法解僱你**，除非是你自己最後受不了被上司冷落，自己打退堂鼓。

　　有些人在職場因為經濟因素，無法立即換工作。那麼你在公司被誤解、冷落、忽視，就必需要戰勝自己的感受。因為對方冷落你，如果你夠冷靜，就不會被影響。也就是如果你能做到不在乎，那麼對方使出「冷落霸凌」，也對你沒有傷害。但是，這樣的說法只是「理想」，不是實際。因為任何有毒的霸凌職場環境，都包含冷凍霸凌。

　　總之，面對職場「冷落霸凌」千萬不要逞一時之快回應難聽的話，也不要因為在職場被冷落，就躲在公司的

洗手間哭泣。真正屬害的人面對被冷落，就要無動於衷的繼續定睛在自己的職場目標。如果你因為在職場被冷落，就情緒內耗的失去努力的動力，那不就等於讓冷落你的人更處於上風。

在職場中「交談」是一把雙刃劍。有時候在職場開聊，就會有人把我們無心的一句話，拿來放大檢視。因此，在職場要避免別人把我們的話斷章取義，最好的方式還是在職場的交談中小心謹慎。不要理會那些愛論斷別人的同事，因為愛論斷別人的人，也會有另外的同事論斷他們。只要你把精神放在工作上，讓自己的心力集中在重要的事務，你就不會被冷落霸凌影響太多；確定你在工作不犯錯，而且你也不自己辭職，那麼你的上司也不能擅自把你辭退。

不要忘記，「在職場千萬不要傻傻的有問必答」，也不要因為上司或同事對你冷落而感到壓力，造成身心靈損害。千萬不要為了職場上司或同事對你冷凍霸凌，就否定自己。在職場身為被冷處理的當事人，很難知道對方的「動機」（intention），因此對於所處的現狀，最好就是靜觀其變。

**不要害怕職場中被冷落，因為最壞的情況就只是「離職」。**

## 10. 遇到職場霸凌，呈報高層有必要，但是注意避免成為「職場雙重霸凌」的受害者

　　卡蜜拉是與我工作對接的部門，我部分的進出口流程文件完成，就交給卡蜜拉的部門，之後再由她把後續交給接洽航運與海運等海關作業的同事。

　　卡蜜拉，是一個單親媽媽，在公司是一個鞠躬盡瘁型的員工，老闆交代的事情一定使命必達，就連老闆沒有交代的事情卡蜜拉也都努力達成。

　　卡蜜拉也是一個很喜歡分享生活的人，顛覆我對於西人注重隱私權的概念。卡蜜拉有一個女兒，當時已經是青少女。她常常與我們分享她自己與男友交往外出的有趣事情，也常常與我們分享她教養孩子的理念。對於當時還是單身的我，感覺卡蜜拉是一個對生活充滿熱忱的單親媽媽。

　　卡蜜拉在工作的努力，也讓卡蜜拉部門經理非常高

興，因為部門多了一個得心應手的下屬，這樣的情形對於公司部門來說，更是創造業績的助力。

可是卡蜜拉的高效率工作，在她部門同事眼中感覺特別礙眼，她部門當中有幾個同事對卡蜜拉特別的冷淡，我有時候走到卡蜜拉的辦公室，都可以發現卡蜜拉部門女同事會刻意在我面前刁難她。

我可以感覺到卡蜜拉不想和同事敵對，因為卡蜜拉的女同事刁難她的時候，卡蜜拉常常會笑笑地迅速把話題帶過。

卡蜜拉的部門，有幾個對卡蜜拉比較好的同事告訴她，不要把時間浪費在對她不好的同事身上。因為會對她好的人，就會持續對她好；不會對她好的人，就算極力討好也沒有用。

但是，卡蜜拉還是覺得應該在職場做到「人和」，因此卡蜜拉有時候在工作業務上會特意在裝笨，然後請教對她不友善的同事。

可是不友善的同事不只完全不幫忙，有時候還會擺出一副得意的樣子，因為那些同事誤以為卡蜜拉真的不了解工作業務內容。

之後卡蜜拉持續釋出善意，協助對不友善同事所負責的工作事務。卡蜜拉發現其中一個對她最不好的女同事需要提早下班去接小孩。所以卡蜜拉主動向那位女同事提

出協助工作的意願。

但是，卡蜜拉的好意，竟然讓她身陷「陷阱」！

因為卡蜜拉在下班後留在公司替那位需要接小孩的女同事完成工作。這樣的情形過了幾個禮拜之後，有一天，卡蜜拉的經理約談她。

經理告訴卡蜜拉，她協助的女同事表示，卡蜜拉協助的文件內容錯誤百出。那樣的錯誤讓那位女同事需要花更多時間更正，因此讓很多對接部門的工作延誤。

當下，卡蜜拉就知道自己的好意，被那位不友善女同事陷害！

卡蜜拉忽然想到，那位需要提早接小孩的女同事，特別對卡蜜拉強調：工作文件完成後不要用電郵或傳真傳出去，要等到隔天那位女同事自己再確認過後，那位女同事才會親自傳送文件到關聯部門。

當時卡蜜拉認為那是合理的做法，因為那畢竟不是卡蜜拉的業務，所以卡蜜拉當時認為女同事的行為是合理的。

在卡蜜拉被經理責備當下，卡蜜拉把事情的始末告訴經理。卡蜜拉知道經理平日很器重她。但是，那個時候，她沒想到，經理卻不認同卡蜜拉的說法。而且經理堅持她就是在工作上「犯錯」。

「犯錯」這樣的說詞，在職場上是很嚴重的，卡蜜拉

覺得很委屈。

當下經理說道：「下不爲例，這些事情到此爲止。以後妳只要把自己負責的業務做好就可以了，不要再幫忙同事。」

卡蜜拉事後感到被女同事設下陷阱。因此，卡蜜拉決定往高層報告。

當時德商有五個副總，其中一個副總對卡蜜拉特別關心。因此，卡蜜拉決定找那一位副總說明一切。

那天，卡蜜拉在自己下午休息時間到那位副總辦公室門口。

當下，副總看到卡蜜拉，就示意卡蜜拉進入辦公室，並且友善的詢問卡蜜拉：「最近工作還好嗎？」

卡蜜拉禮貌地回答：「一切都好！」

之後那位副總說了一句：「妳部門的經理最近幾天跟我提到不少有關妳的工作事項。」

那時候卡蜜拉心裡涼了一截，心想肯定是部門經理又把部門的事情往上呈報。

那位副總看到卡蜜拉不講話，就開門見山地說道：「這裡沒有別人，只有我和妳，妳可以讓我知道，妳和女同事之間出了什麼問題？」

那個時候，卡蜜拉覺得很受傷，就把事情的始末告訴副總。

當時，副總只有點頭。之後就叫卡蜜拉回辦公室。

隔日上班，經理要卡蜜拉一起到副總辦公室。那個時候，卡蜜拉心理默想：「怎麼一波未平，一波又起。」

副總對著卡蜜拉說：「我昨天跟妳談完之後，就立即叫妳部門的那位女同事到我的辦公室約談。我聽了妳部門的那位女同事表示，妳故意把她部分的業務搞砸。」

副總並且說道：「妳部門的那位女同事給我看過，妳協助她的工作文件內容，我覺得妳可能故意在妳女同事的業務做錯，因為那些都是妳擅長的部分，會犯那樣的錯誤，通常是刻意疏失。」

副總繼續對卡蜜拉說：「妳這樣的行為很不好。」

副總一邊講，一邊把一疊文件放在卡蜜拉的面前。卡蜜拉的經理也坐在旁邊，完全沉默不語，也沒有替卡蜜拉辯解的意願。

當下，卡蜜拉真的感覺到被自己部門的經理與公司副總兩人的「職場雙重霸凌」！

卡蜜拉靜靜的看完那些文件，也不管身邊有副總與經理兩人在旁邊，忽然之間卡蜜拉潸然淚下。因為在卡蜜拉知道那些都是那位需要提早接孩子的女同事所陷害的。

那個時候，卡蜜拉一邊掉眼淚，一邊說：「那不是我做的，是同事陷害我的。」

可是副總與經理竟然不約而同的說：「既然是自己

做錯，就應該承認，不要推託責任，這樣才能夠改進。」

當下，卡蜜拉心裡想著，那分明不是她的錯誤，明明是被人栽贓，怎麼還要被經理與副總逼迫承認錯誤！

那個時候，卡蜜拉怎麼樣都不願意承認錯誤。

經理與副總看卡蜜拉很堅決的不承認錯誤，就讓卡蜜拉回部門。

卡蜜拉走往部門之前，先到洗手間把眼淚擦乾。回到部門發現，那位惹事的不友善同事，完全行事自然，不把卡蜜拉當一回事。

這件事情，是我在下午休息時間，到公司員工休憩室拿咖啡的時候聽到的，當時卡蜜拉正在跟眾多不同部門同事們分享，因此我也加入一起聆聽。因為卡蜜拉講很久，我回部門還被女經理數落了一番。

雖然我個人覺得在辦公室把這些事情大肆張揚到各個部門並不是一個好的處理方式，但是，我知道卡蜜拉的目的是要更多公司同仁認同她的立場。但是，我個人的看法是，當職場的職員面對上司，最好直接與上司說明這些事情，最後不行再以勞工局的調解單位來協調等。不要在公司把這些事情在各個部門傳述，那只會讓事情每況愈下。

## 職場越級報告有危險，此事件卡蜜拉是否受到經理與副總「職場雙重霸凌」？

在這個事件中，卡蜜拉是無辜的。但是，職場就是這麼無情，一切都以「白紙黑字」為證明。

卡蜜拉感覺自己遭到職場霸凌，不止部門女同事刻意更改文件內容，嫁禍於卡蜜拉。之後讓卡蜜拉遭到部門經理與副總的聯合責備。

**關於卡蜜拉的際遇，到底是不是經理與副總兩人在職場中的「上司雙重霸凌」？該如何分辨？**

這樣的分辨，最簡單的方式就是看。上級責備卡蜜拉的「次數」，以及責備卡蜜拉之後，是否有職務懲罰，或者薪資扣款等，那才是職場霸凌的傾向。因為在卡蜜拉遇到經理與副總的責備之後，經理與副總只希望卡蜜拉未來在工作上能夠改進，並沒有給予懲戒；所以這樣的情形，嚴格來說，並不是職場霸凌，更不是卡蜜拉的經理與副總對她有「上司雙重霸凌」。

雖然，經理與副總兩人都認為卡蜜拉在協助女同事的文件有犯錯，甚至認為卡蜜拉是故意犯錯。但是，這只能說是卡蜜拉的上司不分青紅皂白，就下定結論。然而，這並沒有讓卡蜜拉之後有任何的公司懲罰。

不可否認，這樣的事件，卡蜜拉的心裡肯定會覺得

很受傷。但是，職場就是如此，一切都是以白紙黑字爲主。或許卡蜜拉的經理與副總在心中也感覺卡蜜拉可能被誣衊，但是文件的證據在眼前，身爲經理與副總實在也很難偏袒卡蜜拉。

這樣的責備其實也可以讓卡蜜拉學習到職場險惡，不可以去討好對她不好的女同事，更需要知道「越級報告」副總，不只沒有讓事情解決，反而讓自己更加陷入被責備的狀態中。

**但是，在職場都不可以越級報告嗎？**

那倒不是。如果卡蜜拉在職場遇到「性騷擾」或者「嚴重言語霸凌」以及「肢體霸凌」，這些都是職場重要事件，而且對於人身有傷害，這種情形如果告訴自己部門經理無效，那麼越級報告的需要是肯定的。

## 卡蜜拉在此事件所犯的錯誤有五點

### 卡蜜拉犯的錯誤 1：協助同事之前，沒有報備經理

卡蜜拉的經理在平日對卡蜜拉不錯，相信卡蜜拉要幫助同事之前，如果讓經理知道，經理也會多加注意。

但是，卡蜜拉傻傻的協助對她不好的女同事，讓自己陷入危險。而且卡蜜拉沒有意識到女同事要她不要把完

成的文件傳出，可能是留機會讓女同事之後可以更改卡蜜拉完成的文件。

卡蜜拉的善良，其實在職場是相當愚笨，也是相當危險。

站在經理的立場，經理肯定也是會怕副總追究。因此，經理才會與副總站在同一陣線，希望卡蜜拉未來能夠改進。

### 卡蜜拉犯的錯誤 2：協助同事的文件，沒有備份

卡蜜拉在職場沒有危險意識。因為職場的任何工作內容都要小心謹慎，無論是自己協助同事，要留意並且備份。

除此之外，就算有同事願意協助你的業務，你也要小心，因為任何與工作相關連的文件，都是需要你自己小心把關。就算此文的情況換做是，女同事協助卡蜜拉，卡蜜拉也不可以沒有驗證文件，就讓同事把文件發出。

尤其此文卡蜜拉主動協助，這樣的情形卡蜜拉更要小心把關自己經手的文件。錯就錯在卡蜜拉不知道同事會故意更改文件，這也是年輕人在職場需要注意的地方。

如果卡蜜拉可以小心地在文件完成的時候，記錄時間以及內容備份，那就可以證明自己的清白，否則就會變成吃力不討好的事情。更糟的情況，這樣的吃力不討好，

甚至變成卡蜜拉故意讓同事的業務出錯，以及耽誤別的部門業務交接，還讓卡蜜拉自己陷入被經理與副總兩個人雙雙責備。

**卡蜜拉犯的錯誤 3：沒有防範同事在職場的小動作**

在職場中有太多人會「惡人先告狀」，因此，如果你只有忍氣吞聲，對方就會得寸進尺。

就算職場同事「小動作」無法干擾你的工作效率，但是那也會耗費你的心力，因為你必須要更加努力地「控制自己的情緒」而不讓自己的情緒爆發。其實，那樣的工作環境，就會讓人感到心裡的負擔加重。所以，你面對陷害你的同事，還是需要適度地「還以顏色」，讓對方知道你不是好欺負，這樣通常對方就會較為收斂。

但是，職場偶爾會有一種慣性害人的同事，就是無論你如何以牙還牙，對方還是持續傷人。對於那種同事，你就一定要把心力放在自己的身上，不要讓那些害人成性的同事行徑，影響你的工作效率。

在職場「還以顏色」並不是要在職場中搞小動作，而是在不友善同事傷害卡蜜拉的時候，她就應該當面破解。因此，不要害怕得罪趾高氣揚的同事，因為那些同事只是與你在同一個職場位階，對方並沒有權利控制你。

卡蜜拉不只沒有防範同事的小動作，甚至還可以討

好不友善的同事，真的是太天眞地誤以爲職場如同過往的校園生活。殊不知職場如戰場，處處有危機。

在職場會對你不好的人，多數就是會持續對你不好。因爲，那樣的原因與對方自己的內心世界有關。或許你就有其中某部分的特質，跟他們成長的時候所遇到的一些人類似，而那些人正是與對你不友善同事的過往生活有糾葛。

### 卡蜜拉犯的錯誤 4：在職場中被上司指責，當場哭泣，因爲那意味著不專業

卡蜜拉在職場中受到委屈是事實，但是如果在經理與副總面前哭泣，那就顯得不專業。

因爲站在經理與副總的立場思考這件事情，上司在意的是工作流程與工作績效。在職場雖然有一些上司喜歡刁難下屬，但是卡蜜拉部門經理在平日對卡蜜拉還是相當支持。不單如此，這件事件兩位上司都沒有對卡蜜拉有任何的懲戒或逼迫解僱。

這樣的事件顯然就是卡蜜拉同事的心機與陷害。因此，如果卡蜜拉夠鎭定，就不可以哭泣，並且需要冷靜回覆經理與副總，並且在之後盡量找出同事陷害的證據，因爲雞蛋再如何密合，就一定會有縫隙。所以同事在使壞的情況，總會有找到些許證據的地方。

**卡蜜拉在職場犯的錯誤 5；在職場面對不友善的同事，還主動幫忙**

在職場如果對你不友善的同事提出要你協助，那麼你可以釋出善意的協助，但是一定要小心防範，不要像卡蜜拉一樣，讓善意落入同事陷害。

如果卡蜜拉不要懷著取悅職場不友善同事的心態，就可以在職場中避開危險。因為工作中，同事之間互承擔工作職務是很正常的，但是，前提是協助同事之前，要先確定對方的人品與動機。如果對方經常很不友善，那麼千萬不要傻到認為協助對你不好的人會為你贏來更多人脈。

如果你協助同事，而能夠得到同事的感激，那麼你很幸運。但是，有時候職場是很可怕的，任何與「職位升遷」、「金錢利益」有關係的情況，都可能出現，像你經手協助同事完成的職務文件，被陷害者更改。

因此，除非你真的確定對方的人品，並且對同事有絕對的信任，你才能夠協助對方完成他自己需要完成的工作。否則不單是你會吃力不討好，更可怕的是，有時候你會害自己職位不保，甚至會官司纏身。

所以，年輕人在職場要小心，只要是你經手的工作內容，就是等於你的責任。你替同事經手的文件，有可能會在事後被動手腳，也會變成你的責任，因為你已經「簽名」以示工作完成。永遠不要忘記，職場中的工作事務，

要親力親爲；就算是協助同事，也一定要備份自保。因爲在職場只有你才能保護自己，不要自己捲入任何有可能被霸凌的危機，也是職場自保的法則。

職場霸凌

# 「薪資與
# 福利篇」

## 不可恃才傲物，急著加薪就是等著無薪的開端，在此讓你知道勞資雙方的「薪資霸凌」

　　莉亞是公司特別挖角過來的新進人員，她所處的部門業務很特別，是屬於機器品管方面。莉亞很喜歡到我們部門串門子，因為她所處的部門都是男性，只有她一位女性，所以她就常常到我們全女性的進出口部門聊天。

　　但是，問題是莉亞的休息時間常常是我們進出口部門最忙碌的時刻，尤其我們很多工作都與海外的公司對接，所以她來部門的時候，只有部門女經理會理她，因為莉亞與女經理都是德裔加拿大人，而且兩人都是金髮美女。

　　有一天莉亞忽然到我們部門抱怨，她很不高興的提到她收到的公司薪資支票金額，怎麼與她應該得到的薪水少那麼多？

　　我部門的女經理問她，有沒有跟她自己部門的經理

談過。莉亞說：「我需要跟我們部門打聽好消息，之後才與部門經理協議。」

因為我的辦公桌位於女經理旁邊，所以莉亞與經理的對話，我一定會聽到。

當下我聽到莉亞對經理說的話，我心裡知道那是一個沒有看清楚「僱傭合約／勞動契約」的人。

那個時候，公司的薪資是每兩週的星期五匯入職員的戶頭，職員可以選擇自動匯款或是公司發給薪資支票。但是，職員拿到的薪水已經由公司扣除大約百分之三十五左右的稅款。

這樣的用意就是公司希望，在每一年加拿大個人報稅期間，員工不用擔心忽然沒有錢繳交稅款。這雖然是二十年前的情況，現在加拿大的薪資發給仍然是可以先扣除「退休金供款（Canadian Pension Plan Contribution）」與「就業津貼（Employment Insurance Premium）」，以及扣除「所得稅款（Income Tax Deduction）」。

當時我剛進公司與女經理簽約公司的「勞動契約」的時候，我特別小心的當場把每一條合約內容仔細閱讀。對於當時公司薪資給發，一開始我也是感到很困惑。因為加拿大安大略省，也就是多倫多市的所在省份，當中的薪資報稅是以年資區分，所以每個人因薪水高低會有不同的報稅百分比。加拿大政府每一年都會有稅務公告，可以讓

民眾知道自己的年度總收入，落入哪一個百分比，就可以算出需要繳交多少稅額。（這是給固定薪資收入者，商業報稅有更複雜的稅法與減稅）

這樣的事情，在我當時要簽「勞動契約」的時候，其實我在當下也問過女經理，如果我不希望公司預扣政府稅收，公司是否可以答應？因為我希望自己每個月有更多的薪資在手上，這樣我就可以有更多錢投資一些理財項目。

但是，女經理說，每個月公司預扣員工薪資稅款，那是公司的規定。所以既然是「公司規定」的條約，我就只能接受，因為當時德商給的薪資待遇非常好，對於一個剛從大學畢業的新鮮人來說，那樣的薪資待遇，我知道已經超過業界標準。

後來公司較資深的女同事告訴我：公司之所以有預扣稅金的規定，是因為有很多員工不擅長投資。過往幾年有不少員工投資失利，因此在報稅時期，拿不出錢來申報所得稅，造成員工報稅期間焦慮。當時，很多員工曾經跟公司提出預支薪水，但是公司高層聲稱，「公司規定」當中沒有這樣的選擇。因此當時有些員工被負面情緒影響，所以工作績效不好。

也有少數員工，因為公司報稅期間，不夠錢付稅，公司又不願意預支薪水給員工，所以過往就有一些員工因

此辭職。除此之外，部分員工沒有在平日做好金錢理財與分配，所以拿到薪水，在付完房貸或房租之後，再扣除車輛貸款或交通費，有的職員竟然每個月都是把薪水花光，也就是所謂的「月光族」。因此當時公司才會實施「薪資預扣稅收」，也就是在薪資中「扣除所得稅款」。

薪資預扣稅收確實會在報稅期間，讓員工不用擔心金錢報稅，而且在報稅截止後的下一個月，還會收到政府稅務局寄來的退稅金額。感覺上好像是在報稅期間結束，不只不用付稅，而且還拿到退稅額，這樣完全是一種虛像，因為實際的原因是公司在每個月兩次的薪資給發中，早已預扣稅款。

公司預扣的稅務百分比，通常都比政府規定略為高於一個或兩個百分點，以應對政府每年可能調整的稅收。所以也就可以讓員工在報稅期間，不只不用擔心報稅的錢，而且還可以有「退稅」的喜悅。最重要的是，那樣稅款預扣，沒有違反加拿大的法律。

雖然我心裡也知道，員工稅款預扣對於資方公司，就可以每個月有龐大的金額可以讓公司運用，或者公司大老闆可以用公司的名義投資等，這樣可以讓資方公司帶來更大的營收。雖然這樣的「預扣薪資」，也有部分公司員工不喜歡，但是，我們只是公司的小螺絲，只能夠按照公司規定。

之後，有一陣子，我們都沒有看到莉亞到部門找女經理聊天。後來女經理告訴我們：莉亞沒有通過前三個月的「試用期」。

　　女經理語重心長地說明，莉亞是因為薪資問題，跟她的上司要求薪資增加，因為她認為她應該拿到的薪資是扣稅前的金額，而不是扣稅後的金額。莉亞經理對她解釋，公司的「薪資預扣稅款」每個職員都是一樣的情況。

　　但是莉亞仍然很堅持，她應該拿的薪資就是預扣稅收之前的薪資。也就是莉亞不願意在薪資給發中扣除所得稅款，也就是莉亞認為她應該拿的薪資需要高於她部門員工的百分之三十五。

　　這樣的情形讓莉亞部門的經理相當生氣，直接告訴莉亞：「如果妳要求比本來薪水多百分之三十五，那就比我這個經理的薪水還要更高了。」

　　莉亞可能認為她是公司從別的公司挖角過來的員工，所以肆無忌憚地要求。

　　她並且聲稱：「她在簽約的當下，她的經理沒有解釋勞動契約內容，所以莉亞認為勞動契約屬於無效。」莉亞甚至到各個部門嚷嚷著她感覺到被「薪資霸凌」。

　　但是莉亞的經理認為合約有效，因為莉亞並不是有任何腦部「失能」（disability）。在加拿大如果失智者，所簽署的合約常常屬於無效，因為當事人不能正常思考。

因此莉亞部門的經理不肯對莉亞的要求妥協。過了幾天，莉亞部門的經理就以莉亞在工作「不勝任」的因素，讓她在三個月試用期之內，就把莉亞解僱。


## 加拿大職場企業主，可以從薪資中扣除什麼？ 薪資霸凌所需注意的事項

根據加拿大政府網站：What is deducted from your pay?[12]（從您的工資中扣除什麼？）當中說明工資中可以扣除就業保險（EI: employment insurance）保費，以及加拿大退休計畫款（Canadian Pension Plan Contribution）。

### 1. 加拿大退休金計劃（CPP）供款

如果你年滿十八歲，但未滿六十五歲，你在具有退休年金（employed in pensionable employment）的工作中，而你沒有領取 CPP（Canadian Pension Plan）與退休金或傷殘撫卹金（disability pension），則你的雇主將從你的工資中扣除 CPP 供款。

如果你至少六十五歲但未滿七十歲，並且在領取 CPP 或 QPP 退休金的同時工作，則你的雇主將繼續從你的工資中扣除 CPP 供款，除非你選擇停止支付 CPP 供款。

有關更多信息，請參閱加拿大退休金計劃（CPP）對 CPP 工作受益人的供款。

當你（作為計劃的供款人）殘疾或退休時，CPP 可提供基本福利。如果人死亡，該計劃將為你的倖存者提供福利。

你的雇主將使用年度 CPP 繳款率和最高額來計算使用批准的計算工具扣除的 CPP（Canadian Pension Plan）。

你的雇主通過薪金匯款將這些扣除額以及他或她的分攤額匯至加拿大退休金計畫。

## 2. 就業保險（EI）保費

如果你受僱從事可保工作，則你的雇主將從你的工資中扣除 EI 保費。扣除 EI 保費沒有年齡限制。

EI 為你提供失業時的臨時經濟援助，他們正在尋找工作或正在提升技能。在以下情況下，你可能會獲得 EI 幫助：

- 疾病
- 懷孕
- 照顧新生或領養的孩子
- 照顧有嚴重死亡風險的重病家庭成員

你的雇主將使用年度 EI 保費率和最高保費率，使

用批准的計算工具來計算要扣除的 EI。

這些扣除額連同你的雇主應分擔的保費,通過工資匯款匯給我們。

## 3. 扣除所得稅

如果你獲得就業收入或任何其他類型的收入,則你的雇主或付款人將從所支付的金額中扣除所得稅。

你的雇主或付款人將通過參考 TD1 表格「個人稅收抵免表」上的總索賠額,並使用批准的計算方法來計算要扣除的所得稅額。有關更多信息,請轉到 TD1 表格「個人稅收抵免表」。

你的雇主或付款人一年可以扣除的所得稅總額沒有年度限制。

如果你預計全年的總收入少於表 TD1 上顯示的總索賠金額,則可以要求你的雇主或付款人不要進行任何扣除。

你的雇主或付款人將通過工資匯款將這些抵扣額匯給政府。

# 台灣薪資注意事項

有關薪資，必須要注意符合「基本工資」，各國的勞基法都有基本工資的規定。

**以台灣為例，目前台灣的基本工資月薪以 30 天計算是台幣 24,000 元（2021 年 1 月），時薪台幣 160 元 [13]，不包含加班費。**

職場當中，基本薪資，代表你拿到的薪水不可以低過最低薪資，因為那是「基本」。薪資只能高於你所處的國家的基本薪資，不可以低於。

面對薪資問題，要記得在確定所有的薪資給付日期、時間、金額、方式。還要注意到，不可以如同此職場故事當中的莉亞一樣，在初入公司，還沒有為公司做出成績，就急著跟公司商討薪資增加。**尤其以法律的層面來說，薪資是以「勞動契約」當中資方與勞工雙方共同認定的金額。**

**在台灣，有關雇主薪資給付，要注意《勞動基準法》第 22 條與第 23 條：**

## 《勞動基準法》第 22 條

工資之給付，應以法定通用貨幣為之。但基於習慣或業務性質，得於勞動契約內訂明一部以實物給付之。工

資之一部以實物給付時，其實物之作價應公平合理，並適合勞工及其家屬之需要。工資應全額直接給付勞工。但法令另有規定或勞雇雙方另有約定者，不在此限。

## 《勞動基準法》第 23 條

工資之給付，除當事人有特別約定或按月預付者外，每月至少定期發給二次，並應提供工資各項目計算方式明細；按件計酬者亦同。

雇主應置備勞工工資清冊，將發放工資、工資各項目計算方式明細、工資總額等事項記入。工資清冊應保存五年。

要注意的是，有關薪資議題，各國法律均有不同，而且各國的法規也常常都在修正，所以員工要自己注意，只要在所處國家的政府網站就可以得到最新資料。

要記得：**在試用期的期間，公司一定要給薪資**，而且資方給員工的薪資，必須按照雙方的「勞動契約」當中所記載，而且必須要高於政府最低薪資。除此之外，**試用期的期限，不一定是三個月**，在台灣，勞動法相關法律沒有明文規範勞動契約有試用期，所以就公司的「試用期」並不是法律規定，只要員工被錄用，就可以適用於《勞動基準法》。

此文職場故事，莉亞的恃才傲物，認為她是公司從

別的公司挖角過來的員工，莉亞就陷入一種公司沒有她不行的狀態。所以在三個月「試用期」還沒有到，就沒有通過試用期，而離開公司。

　　每一個公司對於新進員工的試用期可以不同。當中有關「試用期」最重要的部分就是，如果雇主在「試用期」期間沒有給員工薪資，或給薪低於《勞基法》規定，那就是「薪資霸凌」，因爲資方違法了《勞動基準法》。

　　要注意，在公司招聘錄取後，簽訂「勞動契約」一定要注意薪資是否低於政府規定的最低工資。不要認爲薪資太低，是給自己的磨練。要知道，勞動有價，你在公司的付出，就該得到應得的薪資，所以不要接受低於政府規定的最低薪資。

　　因爲每一個行業的薪資行情不同，每一個公司與不同單位的給薪也不同，所以最好就是在進入服務單位之前，先清楚該行業的薪資給付行情。並且在法律上要知道，**薪資給付是以雙方簽署的「勞動契約」爲主。**

# 12. 不要落入「職場權益霸凌」而不自知，「公司福利」當中的「健康保險」與「職災保護」

　　我在德商進出口部門，每個月有幾次需要把德商各國代理商所簽署的文件，拿到律師事務所公證。因為這些文件在德商高層與代理商簽名之後，還必須經由律師公證才算完成手續。

　　當時公司規定，公證的文件，不可以使用電子郵件發送，也不可以用快遞送出。也就是文件必須由我們部門職員親自送往律師事務所。對於這樣的規定，在當時我也不知道是否是法律規定，總之就是「公司規定」。

　　對於這樣的文件簽署，我們部門同事都認為是「苦差事」！尤其，曾經有女同事因為送文件到律師事務所，在地鐵站出口往人行道方向的時候，竟然因為路面結冰太滑而雙腳骨折，這樣的「職業災害」，實在是很難預料，還好一個月後就康復。

這種情形，幸好公司有給員工很好的「醫藥保險」與「職業災害補償」，雖然加拿大是全民健保，也有政府提供的藥保，但是加拿大政府低收費藥保只有提供給六十五歲以上的年齡。

**這樣的職業災害，在加拿大雖然到醫護所看診有政府健保，但是，在員工意外發生之後，雇主仍然需要給予員工「職災補償」，以補助政府沒有給付的藥品以及員工生計方面的問題。因此雇主在員工意外發生之後，支費員工「職災補償」才是最重要的部分。**

有這樣的前車之鑑，我們部門每個人對於要到律師事務所送文件，就會擔心。如果是春暖花開，或者夏日迎風，或秋意楓紅，同事們都還不會有怨言；但是只要是冬季的大雪來臨，這樣的苦差事就是同事們相當害怕的事情。

尤其，由公司到多倫多市中心的律師事務所，如果乘坐大眾交通工具，需要一個小時，開車到市中心，大約也要四十分鐘。更讓人不解的是，德商公司平日給的「公司福利」非常好，但是，**對於呈送文件，公司卻只願意給付公車與火車費用，不願意給付開車的油錢。**

因此，部門同事每次只要遇到自己負責的國家區域代理商文件，需要到律師事務所的時候，同事們就互相推託，沒有人想要帶著授權書與需要的公證文件至公司指定

的律師事務所。

在我進公司之前規定，自己負責的代理商，就自己拿文件去律師事務所。但是，當我進入公司之後，這樣的「不成文規定」就改了，大部分的律師文件都變成我需要到律師事務所，原因就是因爲當時公司的女同事們拜託我，並且聲稱，因爲我當時是單身，比較有時間！

爲什麼說送件是「不成文規定」，因爲那樣的事情沒有寫在「公司規定」的事項。也就是說，如果我眞的不願意配合，我也不會得到公司的處分。但是，不願意送文件到律師事務所，就會讓女經理很難分配工作，也容易得罪同事。

其實，我不認同單身就比較有時間那樣的說法，但是，因爲送文件是在上班時間，其實跟單身與結婚沒有關連。甚至我的心裡有一點感覺，同事認爲我是新進職員，應該不會說「不」，因此就把每一個國家的代理商續約的文件，通通交給我。

更麻煩的是，如果當日去律師事務所簽訂文件的時間較晚，返回公司後，自己所負責的職務，還是必須要在當日或隔日盡快完成。

這樣的律師事務所文件簽訂的差事，眞是「人人嫌棄」！

但是，再苦的差事，總是必須有人願意完成，否則

會延誤代理商公司與德商公司的利益。因此這不討好的差事就變成我的責任。

更糟糕的是，德商規定，文件必須當日上午送往律師事務所，並且「當日」必須拿回公司。因此，這樣的時間壓力，更是讓我感到時間緊迫。

當時，我是新進職員，沒有跟女經理拒絕的籌碼。因此，我只好硬著頭皮的答應！可是我那時候把事情換個角度想，因為那樣的苦差事，其實也是「拓展人脈」的好機會。

之後，我因為到律師事務所幫公司簽署文件，認識了多位商業法律師。

在我多年後念法律時，其中一個律師還是我隔壁班的商業法教授。更有趣的是，當時那些協助德商簽署文件的資深律師，也在我念完法律，有資格加入加拿大法律調停協會，與過往認識的律界人士一起開會。雖然，我在協會中，是少數的幾個華人，但是卻得到相當好的尊重，這也是因為我在德商時期，那些律師知道我是任勞任怨型的好典範，所以在調停協會中給我很多的案件工作機會。

除此之外，在德商到律師事務所協助代理商與公司續約文件時，當時的律師總是很關心的詢問我「公司福利」、「健康保險」、「政府勞保」、「假期規定」等。

尤其，我當時在公司，對於公司給出的「假期」與「病

假」，我都不敢拿，因為怕公司覺得我怎麼一進公司就想到放假。

當時那位商業律師，也是後來我念法律的隔壁班商業法教授告訴我：「在職場，妳只要把公司的職務高效率完成，所有的『假期規定』，都可以放心拿假。」之後，剛好我的母親來加拿大探視我，我也就拿假與母親去度假一星期。

除此之外，那名律師也讓我能不用客氣地使用公司給的「健康保險」，也就是健康保險：該用則用，不該用則不要浪費。

當時的德商是醫療研發公司，所以給員工的百分之百報銷的「健康保險」，包含牙醫費用百分之百，藥品百分之百，以及復健整脊等都是百分之百，可向公司報銷。只有矯正牙齒只可報銷百分之五十。

因此，我就在部門女經理的介紹下，週末到復健機構那邊，做頸脊椎治療。其實我的脊椎也沒有大問題，但是女經理就認為因為工作久坐，還是注意一下頸椎保健。其實，女經理與我都相當注意頸椎不可以用整骨的方式拉扯，因為非常危險。

**台灣的「職業災害補助」，陳冠仁律師根據此文做出說明。如果員工在上班時間送文件受傷，法律的規定與賠償如下：**

1.《勞基法》並無職業災害認定的相關明文規定，因此通常是依據《職業安全衛生法》第 2 條第 5 款的定義，只要是員工因勞動場所之建築物、機械、設備、原料、材料、化學品、氣體、蒸氣、粉塵等或作業活動及其他職業上原因引起之工作者疾病、傷害、失能或死亡，就屬於職業災害。

2. 職災發生後，勞工造成損害，這個損害會分兩個層面來討論：

（1）有投保勞保或是職災保險，保險單位會給付保險額。如雇主因未幫勞工投保造成勞工少領，雇主不管有沒有過失，都要就不足額部分負補償責任，這是屬於「無過失主義」。（2）造成職災發生的原因，推定雇主有過失，也就是「推定過失主義」，是雇主要負賠償責任，除非雇主可以證明職災的發生，雇主完全無過失。（3）雇主就職災補償所付出的金額，在職災賠償範圍內可以主張抵充。

3. 雇主的職災義務與補償範圍，依照《勞動基準法》第 59 條規定。

## 關於如果職員在公司沒有得到任何「公司福利」當中的「健康保險」、「職災保護」等福利，還有「政府勞保」，職員就是等於處於「職場權益霸凌」剝削

對於這樣的職場權益事項，員工千萬不可以認為吃虧就是占便宜。因為，在職場每一個職員都有權利享受公司所提供的福利。

但是基於公司規模的大小，這些公司福利因為產業與不同公司都有不同的規定，因此在求職的過程當中，不可以只有注意薪資金額，也要同事注意到「公司福利」。

以下五個問題，是員工對於「公司福利」常見的問題，明冠聯合法律事務所主持律師陳冠仁，來為讀者解答：

**Q：公司投保勞健保的費用，是「法律規定」還是「公司福利」？**

**A：在台灣，雇主原則上依法有為勞工投保勞保與健保的義務，如未投保，雇主須受行政裁罰，甚至對於因此造成勞工的損害應負補償責任。**

投保勞保健保的費用，會由政府負擔一部分、雇主負擔一部分、勞工自付一部分，因此，**對於雇主應負擔的部分，這是法律規定，不能算是勞工福利，除非是雇主幫**

勞工負擔勞工應自付部分，且無須從薪資中扣除，這樣才能真正算是勞工的福利。

Q：台灣健康保險＆政府勞保的規定？

A：健保是指全民健康保險，大多僅會討論到雇主是否應幫勞工投保健保，與勞資關係中的職災無討論關聯性。

勞工保險，針對事故理賠包含兩大範圍，一個是普通事故保險，一個是職業災害保險，所以投保勞保，針對事故理賠，這兩種事故都會有保障。

承上，因此，即便雇主依法，例外無須為勞工投保勞保，但雇主仍應為勞工投保職業災害保險，否則如果因為未有職災保險，導致員工發生災害而少領給付，雇主應負補償責任。

是否須給予高危險群工作投保商業保險，屬於雇主營業考量，法無明文規定。

Q：關於「職災保護」員工應該要注意的部分？

A：只要勞工因職業災害造成傷害，就有《勞基法》第 59 條的適用，職業災害的認定，參照《職業安全衛生法》第 2 條第 5 款。

**《勞動基準法》第 59 條**

　　勞工因遭遇職業災害而致死亡、失能、傷害或疾病時，雇主應依下列規定予以補償。但如同一事故，依勞工保險條例或其他法令規定，已由雇主支付費用補償者，雇主得予以抵充之：

　　一、勞工受傷或罹患職業病時，雇主應補償其必需之醫療費用。職業病之種類及其醫療範圍，依勞工保險條例有關之規定。

　　二、勞工在醫療中不能工作時，雇主應按其原領工資數額予以補償。但醫療期間屆滿二年仍未能痊癒，經指定之醫院診斷，審定為喪失原有工作能力，且不合第三款之失能給付標準者，雇主得一次給付四十個月之平均工資後，免除此項工資補償責任。

　　三、勞工經治療終止後，經指定之醫院診斷，審定其遺存障害者，雇主應按其平均工資及其失能程度，一次給予失能補償。失能補償標準，依勞工保險條例有關之規定。

　　四、勞工遭遇職業傷害或罹患職業病而死亡時，雇主除給與五個月平均工資之喪葬費外，並應一次給與其遺屬四十個月平均工資之死亡補償。

　　其遺屬受領死亡補償之順位如下：

　　（一）配偶及子女。

（二）父母。

（三）祖父母。

（四）孫子女。

（五）兄弟姐妹。

**Q：就如同此文，德商的女同事在上班時間替公司送文件，卻因為路面結冰而滑倒，因此雙腳骨折無法行走。這樣的情境如果發生在台灣，而且意外地點不在公司，員工是否有受到《勞基法》的職災保護？**

A：答案是肯定的。

**Q：台灣《勞動基準法》是不是不需要付給員工「交通費」？是哪一個法條？**

A：應該說，在台灣，並沒有法律規定一定要給付交通津貼，所以雇主就沒有義務一定要給付；但上面的情況也不是完全可以無限上綱，也要看與當初的勞動契約是否有明顯的變動。

　　如果進入公司後被增派職務、調動，導致支出的費用大增，與當初勞動契約內容不符或無法預測，雇主的行為還是可能會構成權利濫用，勞工可以向雇主請求多支出的費用。

總而言之：上述的這些「公司福利」都是受僱者有權享有的員工福利。但是，就如同我在此文提到，因爲每一個產業的不同，每一個職務的差異，都會造成不同公司有不同福利。因此，這些權益只是提供你注意的部分。

　　如果在你進入公司之後，公司沒有按照「勞動契約」，也就是「僱傭合約」當中所提供的公司福利給你，這樣的情形，就是屬於公司對你的「職場權益霸凌」。你可以與公司部門經理或高層協商，**如果事情仍然沒有按照你的期望達成，可向勞工局申請勞資爭議調解，調解不成立可再向法院提出勞資訴訟請求給付。**


## 在職場不要事事計較「公平與否」，因為職場的不公平，有時候是你人生更上層樓的「機會點」

　　雖然在職場公司的權益要爭取，就是指「公司福利」當中的「健康保險」、「政府勞保」、「假期規定」等。但是，如果是你在公司中被要求多做一些職務之外的工作，就像此文提到當時在德商我需要到商業法律師事務所協助公司與代理商的文件簽署後續律師作業過程，那樣的額外工作，是屬於上班時間內，就不要斤斤計較。

在職場多做一點，就可以多學一點，至少你會收穫「能力」與「人脈」，因為多承擔、多做事，就會變成你強化自己能力的優勢。

白領階級，在職場千萬不要只在乎「公平」兩個字，因為，很多時候「人脈」與「歷練」就是在這「不公平」三個字中累積出來！就像此文所提到，如果我當時拒絕部門女經理，不願意承擔至律師事務所簽署文件的事項，我就無法建立之後的法律界入門人脈，也就無法有貴人相助在律界的實習與工作。其實「人脈」與「歷練」通常都是在這所謂的苦差事中建立！

但是，在願意多承擔工作的過程中，仍然要注意到自己的權益。無論是工作當中的「健康保險」、「政府勞保」、「職災保護」等福利，你都要相當注意。如果你所處的公司在勞動契約上有註明這些福利，但是在職業意外災害發生後，卻沒有盡到給予員工的金錢補償，這樣的「勞工福利霸凌」就是你應該為你自己爭取的部分。

不要忘記：**勞保本身有內含職災保險；即便雇主依法例外無須幫勞工投保勞保，仍應為員工加保職災保險，未投保造成勞工少領的損害，雇主要負補償責任。**

# 13. 臨時委派出差任務,「出差費」與「加班費」未給付的「人力剝削霸凌」

　　大多數的德國人,對上級主管眞的是非常地服從!

　　在德商時,我記得隔壁部門的市場行銷人員,他們的經理當天接到在蒙特羅(Montreal)有重要的臨時商品會議,需要緊急派市場行銷人員到蒙特羅。市場行銷部門的經理,立即指派兩名德國男員工準備前往,而且必須在隔日早上九點鐘準時到達會場。

　　但是,由多倫多至蒙特羅需要六個小時的車程。

　　當時那兩名市場行銷部門的員工接受委任任務時,已經是下午三點多。那兩位市場行銷人員,要如何在次日一大早抵達蒙特羅?

　　如果是搭乘小飛機,似乎也有一些遲,因為,那時剛好是冬天氣候大雪紛飛,國內航線小飛機在氣候不佳時,不見得會有班機起飛。

當時，我在公司下午休憩時間，從部門走到員工休憩室拿咖啡，經過市場行銷部門，剛好聽到那兩位德國行銷專員正在商量行程，打算在當日半夜十二點從多倫多開車去，這樣就可以避開傍晚車流量較多的時段。

我在當下不禁感慨，德商的市場行銷部門是多麼有紀律的團隊！

之後幾日，我剛好有機會遇到那兩名市場行銷人員，我詢問他們兩位為什麼願意聽從市場行銷經理「臨時指派」，而沒有怨言的前往？

沒想到那兩名隔壁部門的市場行銷人員，竟然異口同聲地告訴我，那是他們的「責任」！

是的，「責任」這兩個字是員工與公司的僱傭關係當中需要自我期許的部分。在外商，職場生存所需要具備的思想是「責任」。換句話說，不管是你喜歡或者不喜歡的工作任務，你只要做到「接受」，你就不會有怨言。因為，你會深深的感覺，也會覺得那就是你的責任。

但是，在公司盡職而且願意出差，也要知道自己的「出差費」與「加班費」屬於你的權益。

之後我瞭解，德商讓那兩位德國男士，報銷租車費、燃油費與伙食費，還有在會場說明會後，可以停留一夜才回多倫多公司的住宿費。

由此，我體會到，部分人在職場之所以會有埋怨，

常常是因為思想中，對工作斤斤計較。

那兩名市場行銷部門的德國男同事的工作態度，讓我明白在工作中的接受挑戰，並且為公司「解決問題」，就是員工在職場最好的競爭力！

一個公司就像是一個大家庭。家和萬事興的道理大家都懂，因此，公司要能夠運作，最重要的就是員工一定要顧及公司利益，並且知道為自己爭取應得的權益。例如「加班費」與「出差費」，因為專業有價，勞動也有價。

## 「出差費」的保障

一般而言，**工資包含本薪薪資、加班費、業績獎金等。但是，出差時候的差旅費以及交際費並不屬於工資。**

但是，這樣的意思，並不是代表出差的費用員工不要計較。相反的，員工必須注意公司是否有給付出差費，才能夠出差，因為你的勞動有價。

出差費用的權益，也是員工需要注意的地方。有一些人職員認為出差是一件苦差事，但是有的人對出差樂此不疲，甚至會主動跟公司申請出差的機會。這當中的原因部分是跟員工的個性與喜愛有關，另一個部分的原因，也是與公司給予員工的「出差費」與「出差補貼」有關。

通常公司派員工出差大多數都會給予機票、租車、郵費、住宿、用膳等費用，但是這當中的金額與項目不同公司所給出的待遇差別很大。

關於「出差補助」，應該注意的部分包含：

· 出差費
· 外派人員至其它城市的租屋補助、餐費補助、交通補助、機票補助、外派稅務等
· 健康保險與健檢補助

**陳冠仁律師說明：**

Q：台灣有沒有出差費的規定？

A：台灣的勞資相關法律對於出差費並沒有規定，所以會回歸到一般的《民法》去判斷是否能夠請求。加班費部分，《勞基法》對於加班費有明文規定，但比較複雜，有分平日加班、休假日加班、例假日加班、國定假日加班等，不同時數也會有不同加班費比例。

出差並不是出去玩，而是為了公司完成任務，因此出差的過程所需要的花費，基本上公司都會給予報銷。因為如果不是如此，之後公司就沒有人願意承擔出差的責任。

願意主動要求出差的人，通常都具有時差調配能力，

也喜歡接觸新的人事物。相反的，如果被迫被公司安排出差，而且又沒有給予出差的津貼，這個時候你就必須要知道你是處於薪資不公當中的出差費剝削的霸凌。


## 「加班費」的保障

關於加班費，更是員工需要注意的部分。因為各國的法令對於加班費都是有詳細的法規。

以台灣而言，《勞動基準法》當中，對於加班費有詳細的規定。台灣規定工作每星期都要有「一例一休」，但是一例一休並不代表是週六為休息日，週日為例假日。而是雇主可以決定一星期中任何兩天為休息日與例假日（也就是一例一休可以在星期一至星期五當中的兩日，但是日期一定要固定）。

以下兩個問題，是員工對於「加班費」常見的問題。陳冠仁律師說明：

Q：為什麼一例一休的日期需要固定。因為台灣政府規定「休息日」可加班，但是，例假日不可以加班？

A：例外於天災、事變或突發事件的情況下，例假日是可以加班的，《勞基法》第 40 條。

**Q：台灣加班費如何計算？**

A：休息日第 1-2 小時，1 又 1/3；第 3-8 小時，1 又 2/3；第 9-12 小時，2 又 2/3。

要記得，在台灣，加班不可以超過 46 小時。而且在台灣每一天的工作時間不可以超過 12 個小時。也就是說，每日正常上班爲 8 小時，從第 9 小時至 12 小時的這 4 小時，屬於加班時數。

在台灣的加班費計算，超時兩小時（也就是工作一天的第 9 至第 10 小時），加班費按照「平日每小時工資額」加上 1/3 以上。加班超時的第三至四個小時，按「平日每小時工資額」加給 2/3。

對於工作內容要有「伸縮度」，適度的加班與出差無可厚非，但是「不可超時」。但是，休假日加班（一例一休的休假日），前兩個小時內，按「平日每小時工資額」加給 1and1/3（一又三分之一），休息日加班兩小時後，加給 1and2/3（一又三分之二）。

# 先進國家對於「加班時數的限制」

上述提到在台灣加班費不可以超過 46 小時，而且在台灣每一天的工作時間不可以超過 12 小時。但是，如果

你所處的產業，有特別的情況需要加班，公司需要工會或勞資會議同意才可以有特別例外的加班時數超時；但是一個月內的加班時數，不可以超過 54 小時，每三個月的加班時數不可以超過 138 小時。

除此之外，在台灣如果是國定假日加班，加班費就不一樣。國定假日工作者，如果你拿月薪，你的資方就要（多）給你一天的薪資。如果你平日是拿時薪計算，那麼你在國定假日工作，你的加班就以你的出勤時數給薪。

但是，加班費用的權利，只有針對公司固定員工，不包含約僱員工，也不包含外包合作員工。

不要忘記，員工不要認為有加班費用就不斷的加班，也不要認為出差可以免費旅遊，因為出差的重點在於協助公司完成業務任務。加班與出差都要適量，因為工作過勞與工時過長，常常會賠上自己的健康，最後可能本末倒置的把希望賺多一點錢的願望，都花在健康受損時候的醫藥費。

根據台灣的《職業安全衛生法》對於工作的時數也是有管理的。這樣的員工加班議題，不只是牽涉《勞基法》，也牽涉《職業安全衛生法》。

在職場有時候會有一個現象就是，員工為了在職場有「出色」的工作成果，所以常常超時與超量的負擔工作。這樣的情形對自己的長期效應是減分的，因為投入職

場的目的，我們需要看的是長期效益，而不是短期的效應。

對於工作內容要有「伸縮度」，適度的加班與出差無可厚非，但是「不可過量超時」。

在職場，我們理解資方有時候會因爲訂單與業務的頓時增加，所以需要員工加班。因爲暫時的訂單與業務增加，並不是代表持續性的業務增加，所以資方常常也不敢貿然增加新員工，所以讓現有的員工加班或出差就成了局勢。

如果雇主逼迫讓員工「工時過長」，那麼這樣的情形就是職場的時間壓榨，也是職場霸凌。這個時候你就必須要知道說「不」！

# 14.

## 職場「男女同工同酬」與「休假」是趨勢，不要落入男女不平等的「職場性別歧視霸凌」

珍娜是運輸部門的女職員，珍娜面容姣好，相當好看，可以說是運輸部門之花。珍娜的身型並不高大，但是卻是任職於公司的運輸部門。

我所任職的德商，當中的運輸部門，男女一視同仁，也就是沒有任何性別歧視。珍娜在工作上並沒有比男性遜色，這樣的情況顛覆一般人認為運輸部門是屬於男性的工作場合。事實上，除了珍娜，運輸部門當中還有很多女性。

我對珍娜印象特別好，除了她的健談，最主要的原因就是我跟珍娜很有話聊。

認識珍娜的頭一回，我到運輸部門視察我負責的代理商所訂的醫療機器，那些機械大多屬於大型醫療設備，我看著珍娜以及運輸部門同事俐落的封箱。當中封箱過程雖然有儀器協助裝箱作業，但是珍娜駕馭機器的游刃有

餘，讓我感到相當佩服。我在那裡的著裝似乎與運輸部門格格不入，高跟鞋加上商業套裝的我，和運輸部門簡便的布鞋與工作服，形成強烈的對比。除此之外，在運輸部門的許多員工，總是提醒我「小心」地面有散落的箱子與繩子等。

可是，我特別喜歡到公司的運輸部門，而且我也不會感到格格不入，因為運輸部門的人員無論男士或女士都相當隨和。整個德商有眾多部門，運輸部門其實就是我最喜愛的部門。

珍娜在運輸部門喝水，常常就瀟灑的蹲在地上，我也跟著她蹲在地上，但是，她總是以很快的速度拿椅子讓我坐著。

通常椅子的高度高過珍娜蹲在地上的高度，因此我跟珍娜講話的時候常常是視線往下對視，這樣的情況一開始我很不習慣，但是珍娜卻很自然。她隨地而坐，瀟灑地重複綁著她的長髮成為髮髻，那樣的自然，讓我在運輸部門穿著高跟鞋與套裝，也不會感到在運輸部門有任何違和感。

珍娜常常自己帶食物到公司，並沒有到員工餐廳用餐，有時候我要驗出貨單，就沒有跟部門同事一起到員工餐廳用餐，珍娜就會把她自己做的食物分給我吃。第一回，我禮貌性地吃一點，發現珍娜的手藝真的是非常好，

想不到珍娜大而化之的人，卻在食物烹煮與擺設如此細緻，因爲珍娜的便當一定有蔬菜與水果的擺飾與雕刻，而不是只有把蔬菜放在玻璃盒。

跟珍娜較熟之後，珍娜告訴我，她從小不愛讀書，也常常在學校打架，而且打架的對象不是只有女生，也和男生打架。當時我聽到之後很震驚！

珍娜告訴我她曾經到少年感化院待過幾年，那時她忽然變得沉靜，我也不繼續追問。但是那不影響我對珍娜的看法，因爲她的過去，一定有許多的「不得已」所造成。

尤其現在珍娜努力工作，連週末都有兼差。她告訴我，她兼差的地方是搬家公司。起初我以爲珍娜在搬家公司是內部工作員工，但是珍娜告訴我，她是眞的跟著搬家的貨運車出勤幫搬重物。

珍娜提到：她在德商以前工作的公司，完全沒有給她任何的假期。

我問她怎麼不跟前公司要求。珍娜回答：當時她沒有看清楚當中的僱傭契約，就隨便簽了。

同時，珍娜認爲與公司對抗會讓她的情緒更不好，而且也會影響她上班時的感受。所以她就沒有特別跟公司再要求「特別休假」。

有幾次看到珍娜離開時，珍娜總是一個人離開公司，不像我大部分離開公司都是跟公司跟女經理或女同事一起

聊天。有一次，我晚下班，我看到珍娜也剛好走下樓，我約她下班後一起逛街，但是她告訴我，她還有事。

我喜歡看珍娜離開時走路的背影，很像男生的大步行走，真的很瀟灑。

珍娜告訴我她感覺在德商工作很幸運，因為德商的運輸部門男女都是「同工同酬」。而且珍娜告訴我：她週末，在搬家公司工作，得到的薪水也是男女一樣。

在德商，沒有所謂的男女之分，只有「工作是否勝任」。只要員工在工作中能夠勝任，當時任職的德商，在薪資方面完全沒有員工性別之分。

我在德商公司所看見到的工作哲學就是：「職場工作的目的不是要打垮別人，而是在男女平等的環境下，讓自己越來越進步！」


# 加拿大「薪資同酬」（Pay Equality）建立在：同工（Same Working Conditions）、同技能（Same Skills）、同努力（Same Effort）、同責任（Same Responsibility）

加拿大的法律對於男女薪資同工同酬是有法律保護的。

加拿大《就業標準法》第 42 條 [14]：

在下列情況下，任何雇主不得以低於支付給其一性別僱員少於另一性別僱員的工資支付：

（a）他們實質工作表現是完成一樣的工作

（b）他們實質工作表現是相同的技能，努力和責任，並且

（c）他們的工作環境是在類似的工作條件下


## 以下兩問題，是員工對於「薪資不公」的問題

**陳冠仁律師說明：**

Q：一剛開始在進公司之前，就必須要清楚你薪資給付與休假日期的規定。如果進入公司之後才發現薪資不公與特別休假沒有得到權力，那就要知道與公司協商？

A：是的。


Q：在台灣如果員工簽署了「勞動契約」之後，如果發現內容不符合法律，可否經由勞工局調停，或者經由法律訴訟？還是員工簽了勞動契約之後，就完全必須遵守？

A：勞動契約不能違反法律規定，否則對員工不生效力。

## 特別休假，是員工的權利

男女僱員同工同酬的工作環境已經是目前職場的趨勢，雖然各國在男女工作的平均薪資上，仍然處於男性的平均薪資普遍高於女性的平均薪資。但是，這樣的情形，在各國的資方已經越來越注重這個部分，勞方在選擇進入公司的時候，就需要明白自己簽署的「勞動契約」是否公正。

在職場中，無論你身處哪一個國家，員工在同一雇主工作一段時間，都可以「特別休假」。這樣的情況每一個國家有關員工休假的部分略有不同。

**以台灣為例，修法過的《勞動基準法》的特別休假日數：（《勞基法》第 38 條第 1 項）**

・六個月以上一年未滿者，3 日。

・一年以上兩年未滿者，7 日。

・二年以上三年未滿者，10 日。

・三年以上五年未滿者，每年 14 日。

・十年以上，每一年加給一日，加至三十日為止。

# 「特別休假」常見的問題

**陳冠仁律師說明：**

Q：台灣職場中，有些員工會表示，公司給的特別休假，常常只是停留在紙上作業，當員工想放假時，資方卻常常強調公司忙碌，不肯給假期，所以有些員工就拿不到休假，該怎麼辦？

A：特休假未給假，可依《勞基法》第 39 條規定，向雇主請求給付薪資。雇主未給勞工特休，亦未給予不休假薪資，主管機關可對雇主進行行政裁罰。

所以員工要記得，在台灣根據《勞基法》第 38 條第 1 項，你每年有多少特別休假的日數，是你的權利。如果你的老闆提出公司忙碌，員工不能有特別休假。員工必須知道那是不對的，因為勞工有權休假。但是，如果公司真的忙碌，那麼雙方可以協商員工當年的休假日期。但是，一般而言，都是員工可以自己排定自己該年的休假，再請示公司。

有關台灣的特別休假，當年員工就要休假完畢，但是員工可以要求累積該年沒有用完的休假到下年度，但是只可以延一年。換句話說，也就是該年所有的休假，要在兩年內休假完畢。

**Q：如果員工有未休假的日數，但是，員工仍然持續上班，這樣資方應發給員工工資嗎？**

A：當年度特休沒休完，雇主原則上就要發不休假工資，但也可以跟勞工協議延到隔年休。

如果隔年還是沒休完，就一定要給不休假工資，無法再延。

但是，勞工的「特別休假」，如果因年度終結或契約終止，仍有未修之日數，雇主應發給工資。

**Q：台灣《勞動基準法》當中的「休假」與「特別休假」是一樣的嗎？**

A：休假只是統稱，例如《勞基法》第 37 條就寫國定假日應休假；第 38 條寫滿一定年資給予特別休假。

**Q：台灣「特別休假」，雇主是否需要在員工特別休假期間，還繼續給付薪資？**

A：是的，所以休假日上班要加倍給工資。

**Q：台灣職場中，有時候員工會表示，公司給的特別休假，員工常常只是停留在紙上的特別休假日數出現，但是資方卻常常強調公司忙碌，不肯給假**

期，所以有些員工就拿不到休假？

A：可向當地勞工局或是勞動檢查處檢舉，亦可向勞工局申請調解。

Q：如果員工有未休假的日數，但是，員工仍然持續上班，這樣資方應發給員工工資，雇主可以要員工休完特別休假，而不是雇主給工資讓員工把休假換工資。但是，勞工之特別休假，如果因年度終結或契約終止，仍有未修之日數，雇主應發給工資？

A：對，沒休假就是換錢，或是雙方協議隔年休，但隔年沒休完就一定要給錢。

　　一定要記得，年輕人進職場，要先讓自己有「男女同工同酬」的觀念，這樣才不會造成一個現象就是還沒有進入職場就先把自己降一級。尤其女性在進入職場的時候，就要對於自己的薪資與休假，與資方在勞動契約中寫清楚。如果女性自己在心中已經設定可以接受比男性低的薪水，那麼在進入公司的當下，也就註定不公平的開始。

　　關於「假期規定」，應該注意的部分包含，國定假日（Public Holidays）：這部分要知道公司在公定假日要你加班所需要按照當地國家規定的加班時薪。法定休假（Statutory Leaves of Absence）、病假（Medical

Leave），這部分包含你家人生病，你是否可以留職停薪等。除此之外，懷孕假期（Pregnancy Leave）與育嬰假期（Parental Leave），也是現代職場女性的權利，讓女性不再受到職場性別歧視，這一部分此書（第十九篇）有詳細的說明。

如果你在職場遇到薪資不公，或者特別假期被剝削取消，千萬不要認為自己先用逆來順受來接受。正確的方法是，**一剛開始在進公司之前，就必須要清楚你薪資給付與休假日期的規定。如果進入公司之後才發現薪資不公與特別休假沒有得到權力，那就要知道與公司協商，也可以尋求勞工局的調解，或者尋求法律協助的途徑。**

# 15. 職場「資遣」與「解僱」，避免落入被「不當解僱的霸凌」

珍妮被解僱，在她被解僱的隔天，珍妮工作的部門就有了一名新進的女職員，也就是珍妮還在工作期間，公司就已經私下案中面試未來的職員，來取代珍妮。

珍妮是我們隔壁部門統計部的員工，我與她兩個人當時都是單身，也差不多時間進入德商公司，而且我們兩人的住處也很近，所以週末我與她常常相約在住處附近的咖啡廳，之後兩個人有時候一起去逛街買衣服再去吃飯，有時候就一起去圖書館看書，也會兩個人相約一起去疾步行走運動。

當我們兩人都過了公司三個月的試用期（試用期每一個公司都不同，三個月的試用期並不是法律規定）的週末，我與珍妮在週末起去用餐慶祝。我與珍妮在甜品店聊未來夢想，以及天馬行空的聊社會時事，這樣的快樂時

光，就在珍妮在公司工作後的第六個月，統計部門忽然換了一名新的上司，那一位新上司對珍妮非常的不好。

珍妮與我，在公司走廊遇到的時候，通常就只是打個招呼，我與珍妮並不會在公司特別一起午餐，也不會在公司休息時間互相聊天，因為我在公司的時間都跟我部門的同事緊密的連結。

而且我的工作與統計部門沒有關連，因此珍妮通常都是晚上打電話向我抱怨她部門新上任的上司。

這樣的抱怨持續了一個月，也就是珍妮在德商第七個月之後，珍妮就被公司終止勞動契約。原因就是因為珍妮被誣陷「透露公司技術上與營業上的祕密，讓公司利益有損害」。

外國解僱員工是很可怕的，據珍妮形容，上司給了她一個紙箱，就像電影上演的劇情類似，珍妮可以拿走自己的東西；而且上司就站在旁邊監督，確定珍妮沒有拿走公司的文件。同時在珍妮離開的當下，公司郵件信箱就立即取消珍妮的信箱號碼。

更不可思議的是隔日新進同仁就立刻上任。也就是說，珍妮還在公司工作抱怨上司的期間，統計部上司已經開始物色下一個員工。這樣的情形是違反職場法律的。但是，公司並不是以「資遣」讓珍妮離開，而是以「解僱」讓珍妮離職。據統計部的說法是，珍妮故意洩露營業上的

祕密給別家公司。

面對這樣的情況，珍妮感到相當的沮喪，珍妮離職後不斷地告訴我，她是被統計部門上司誣陷。當時我提醒珍妮，但是，珍妮當時的心情實在是太低落，無法證明統計部門上司的不當解僱。因為珍妮從小至高中在香港就學的成績都很好，移民至加拿大直接以香港高中的成績就進入加拿大很好的大學。這樣的打擊，對於珍妮來說非常巨大。

我一直告訴珍妮不要難過，工作再找就有，但是每次週末與珍妮見面，珍妮總是情緒低落。當時，我只能聽珍妮訴苦，因為我實在不知道如何安慰她。我能做的就是週末聚會時，我搶先買單，因為珍妮可能處於找工作的焦慮。但是我又害怕傷到珍妮的自尊心，所以我就會微笑地告訴珍妮，如果當我是朋友，就先接受，等她找到工作之後再請客。

但是珍妮似乎越來越沮喪，也開始不願意週末見面，有一天她忽然約我在週末見面，我們兩人約在過往常去的咖啡館。當下珍妮帶了一個包裝漂亮的盒子送給我，她告訴我她下一週就要回流香港定居，因為她找到一家香港大型企業的統計部門工作，同時她也希望在香港能夠到自己的真命天子。

珍妮的回流香港，讓我心中相當不捨，因為她是我

很好的朋友。有人說，公司中每個人的情份要只限於同事的情誼，但是，我在職場常常都收穫到友情。

在珍妮被解僱的事件中，讓我見識到外商公司解僱員工的可怕，這也讓我更知道在職場中要在平日的工作中小心，不要落入職場被欺負的不當解僱霸凌。

## 以下四個問題，是員工對於「解僱」常見的問題，以此文珍妮所面對的情況，如果發生在台灣，該如何解決？

以下由明冠聯合法律事務所主持律師陳冠仁，來為讀者解答有關「解僱」的問題：

Q：有關解僱，在此文中珍妮遇到的經歷，如果在台灣，那該如何處理？

A：那就是根據《勞動基準法》第 12 條（解僱）的第五項。因為珍妮的上司認為珍妮故意洩露雇主技術上、營業上之祕密，致雇主受有損害。

Q：如果珍妮的情況發生在台灣，雇主需要給「解僱」的補償費用嗎？

A：《勞基法》第 12 條，指的是勞工自己的因素導

致雇主可以不經預告終止勞動合約，所以雇主依該條終止勞動合約的話，是不用給付資遣費的。勞工可請求資遣費的情形，就是《勞基法》第 18 條反面解釋的情況。

Q：此文的珍妮被解僱，如果類似的個案發生在台灣，那麼當中珍妮被認定洩漏雇主技術上的祕密，就是屬於《勞動基準法》第 12 條。雖然台灣此類的案件，常常就是用《營業祕密法》，但是，這類的個案也是屬於《勞動基準法》第 12 條的規範，為什麼？

A：勞工違反其他法律規定，是否構成終止勞動合約事由，仍應回歸《勞基法》判斷。以本例來說，勞工如果洩露營業祕密，通常就是違反《勞基法》第 12 條第 5 款，或是第 4 款規定，構成雇主可不經預告終止勞動合約。

Q：如果珍妮的情形，發生在台灣，珍妮在僱傭期滿之前，就被解僱，「如果」面對「非合法理由」被雇主解僱，如何提起損害賠償？

A：可以主張確認僱傭關係存在訴訟。勝訴後，公司要繼續聘僱，並給付期間的薪資。也可以主張公

司不當解僱，構成違反法令，變成是勞工可不經預告終止勞動合約，並向公司請求給付資遣費。勞工要另外向雇主表示終止勞動合約。

## 在台灣「解僱」與「資遣」

在台灣雇主停止勞動契約，也區分為《勞動基準法》第 12 條：解僱，以及《勞動基準法》第 11 條：資遣。

**台灣《勞動基準法》第 12 條（解僱）：台灣《勞動基準法》第 12 條解僱：這法條指的是因為勞工的因素，導致雇主必須中止勞動合約，也因為是勞工的因素造成，所以雇主不用付資遣費。**

一、於訂立勞動契約時為虛偽意思表示，使雇主誤信而有受損害之虞。

二、對於雇主、雇主家屬、雇主代理人或其他共同工作之勞工，實施暴行或者重大侮辱之行為者。

三、受有期徒刑以上行之宣告確定，而未喻知緩刑或未准易科罰金者。

四、違法勞動契約或工作規定，情節重大者。

五、故意損耗機器、工具、原料、或其他雇主所有物品，或故意洩露雇主技術上、營業上之祕密，至雇主受

有損害者。

六、無正當理由連續曠工三日或一個月內曠工達六日者。

台灣的《勞動基準法》第 12 條當中，雇主可以終止勞動契約（解僱），當中的一、二、四、五、六，雇主必須在三十天內執行，也就是三十天後雇主就不可以再追訴。

**台灣《勞動基準法》第 11 條資遣：這個法條指的是不可歸責雇主或勞工雙方，導致無法再繼續勞動合約，因為不是勞工的因素造成的，此時雇主依此終止勞動合約時，必須給付資遣費。**

一、歇業或轉讓

二、虧損或業務緊縮時

三、不可抗力暫停工作在一個月以上

四、業務性質變更，有減少勞工之必要，又無適當工作可安置時

五、勞工對於所擔任之工作確不能勝任時

**同理，像《勞基法》第 14 條，就是因為是雇主的因素，導致勞工必須終止勞動合約，此時雇主也必須給付資遣費。**

除此之外，有關資遣，如果不是勞工的因素造成必須終止勞動合約，公司還是要事先「通知」員工資遣的

事實，以台灣為主，雇主需要預告員工如下，如果沒有預告，雇主就必須付給員工應該預告期間的工資。

- 員工就任三個月以上未滿一年，雇主需要在 10 天前預告員工。
- 員工就任一年以上未滿三年，雇主需要在 20 前預告。
- 員工就任三年以上，雇主必須在 30 日前預告。

以台灣為例，《勞動基準法》所規定的資遣費的新制，如果工作年資一年，員工就可以得到「半個月的平均工資」，未滿一年者以比例計算。

**員工提問有關「資遣」問題：台灣的《勞動基準法》第 11 條，通常都是因為雇主的生意實在無法繼續經營下去，所以當中一、二、三、四，都需要「預先告知」勞工，除了第五項，勞工對於所擔任之工作確不能勝任，是不是就不需要是告知勞工要被資遣？**

陳冠仁律師說明：法條體系上來說，第 11 條指的是不能歸責於勞資雙方，但確實做下去，第五款說的勞工無法勝任，指的是客觀上事實，而不是主觀上不認真或是其他可歸責因素。

第 12 條是指可歸責勞工的因素，所以雇主可不經預告終止勞動合約。

第 14 條指的是可歸責雇主的因素，所以勞工可以不

經預告終止勞動合約。

由上述可知，第 11 條一〜五款，都是要經過預告才能終止合約的。

## 在職場資遣與解僱，資方需要給出合理的原因與證據

**無論是「解僱」或「資遣」，都是需要清楚個人被離職的原因是否合理。**

對於終止僱傭關係，加拿大對於 Dismissal with Cause（因故解僱），資方必須提出證明（Onus of Proof），證明員工真的在職場有犯錯，這樣的證明過程（procedural fairness），就是要確保員工的權益。

很多人離職後，會感到不被重視的感覺。這樣的被解僱或被資遣的感受，很容易讓人感到「職場倦怠」，如果沒有好好調適，很容易因為職場被終止勞動契約，出現了離職所造成的後遺症，諸如自律神經失調、胃痛、頭痛、失眠、焦慮、沮喪、憂鬱、躁鬱。有的人甚至會感到職場鬥志喪失，影響職場目標實現。

其實，如果你在職場遇到被資遣或者被解僱，都要知道你仍然要知道爭取你的權益，避免落入「不當解僱的

霸凌」。陳冠仁律師表示：依台灣法律及法院的見解，雇主不當解僱，勞工要主張相對應的權利，仍應先符合法律要件或是勞動合約規定。比如雇主 110 年 5 月不當解僱，透過法院訴訟，該解僱認定不合法，雙方回復僱傭關係，勞工也可以請求這段期間的工資，但不能因此就認定勞工可以請求資遣費，因為勞工並沒有終止勞動合約。

職場霸凌

# 「生存篇」

# 「懲罰不同流合汙者」屬於職場霸凌，不要被捲入「職場共同過失霸凌」

　　在德商工作，同部門的一位波蘭女孩，是藝術系畢業的社會新鮮人。對於藝術背景的年輕人出現在以商科為主的進出口部門，我不禁感到好奇，也在心中納悶女經理怎麼選擇一個藝術系畢業的女生？

　　這位念藝術系的波蘭籍女同事，是一位金髮美女。藍色的大眼睛，加上高挑的身材，是一個容易被注意到的女孩。但是我的這位女同事並不是只有漂亮的外表，其實她在工作上是相當稱職的。

　　在同部門工作與她有機會聊天，慢慢的知道她的成長背景。她提到她的家中環境比較困難，父母在波蘭是公務員，因為考慮經濟因素，所以沒有打算移民加拿大。但是波蘭女同事很想到加拿大讀書，所以她父母拜託她在加拿大的親戚協助辦理依親，讓她能夠到加拿大念書。

波蘭女同事表示她到加拿大的年紀剛好是高中年紀，也正是愛漂亮的年紀，她就在高中每天下課後到藥房美妝部打工，這樣她就有很多不用錢的化妝品牌贈品可以拿回去使用，而且還可以自己賺取課本費與生活費。

　　波蘭女同事告訴我，她在念書的時候常常被班上的同學冷嘲熱諷，她也不知道她自己哪裡做錯，也不認為有得罪同學。就是不知道原因之下被同班同學霸凌。她提到有時候班上的同學在教室會故意聊天時不讓她加入，那時候她的自卑感很深。但是，波蘭女同事很認真讀書，她知道從波蘭到加拿大，她必須靠自己。

　　上大學時，波蘭女同事不知道該如何選擇大學科系，因此她在申請大學的時候，所填的五個大學都被拒絕，還好她是一個從小學畫的女孩，在藝術方面頗有專精，所以她就帶了學校規定的五幅繪畫作品，順利進入加拿大知名的藝術學校就讀。

　　但是，經濟問題讓波蘭女同事在就讀藝術系的時候感到壓力，因為繪畫所用的材料比波蘭的繪畫材料更貴，而且藝術系所念的藝術史等教科書也是一筆開銷。雖然她住在親戚家，但是仍然需要自己支付學費，所以她週末就到餐廳當服務員，有時候也兼職新娘化妝，算是結合高中時期在美妝店打工所學到的美學。

　　波蘭女同事表示，她高中時期在藥房美妝店工作的

過程，開啓了她對商科的興趣，因爲她需要幫忙店內貨品盤點。這樣的生活打工過程，不只讓她賺取就讀高中時期的生活費，也讓她在藝術專校畢業之後，白天到一家小型的進出口公司上班，晚上則到大學夜間部繼續就讀商科。

　　但是她如此努力，那家小型進出口公司的同事的確對她相當的不好。波蘭女同事提到她前公司同事都不願意教她業務事務，所以她只好靠自己閱讀之前的文件。而且波蘭女同事提到，她的前同事還會故意在她面前對她說：「連這個都不會！」

　　更糟的情形是，她任職的前公司同事，在下班時間經營與前公司類似的香精產品。

　　波蘭女同事表示，有一天她前公司的一位女同事忽然對她很好，因爲那位女同事希望她加入「共同創業」。但是她知道同事們私下經營的生意，常常偷搶老闆的客戶，所以她就婉拒前同事的好意。

　　但是沒想到過了不久，老闆竟然「資遣」她。波蘭女同事的前公司老闆以她「不勝任」（incompetence）的理由辭退她。當時波蘭女同事感到很困惑，因爲她在公司的業務表現非常好，而且工作從來都沒有出錯。

　　後來她在職場離職前，有幾個前同事告訴她：「**這就是妳不願意合作，所需要付出的代價？**」

　　那個時候波蘭女同事才知道她被老闆資遣，是因爲

同事暗中破壞，原因出在波蘭女同事，不願意「同流合汙」出賣前公司。

波蘭女同事表示，她離開那個公司，在當下雖然看似倒霉，但是她也因為離開前公司，才能逃離霸凌她的同事們，以及不分青紅皂白的上司。

她告訴自己，離開有時候是更好的選擇，因為她已經在前公司盡心盡力，但是卻一直處於被霸凌的狀況。她表示前公司的職場氛圍不好，老闆不清楚員工私下與公司做一樣的產業，也許是前老闆被矇在鼓裡，或是前老闆假裝不知道。但是，她實在不明白，不願意與前同事合作副業，有什麼錯？

其實波蘭女同事就是太善良，因為她不知道她的「不加入」，會讓當時的前同事們，認為有把柄被波蘭女同事知道。因此才會惡人先告狀。剛好又遇到一個不明事理的上司，所以反而是波蘭女同事被資遣。


## 在職場沒有同流合汙是對的，因為一個人所種下的「因」，就會在未來嘗到「果」

在職場有很多黑暗面，很多人擔心如果不同流合汙，就可能遭到職場霸凌。有些人在職場會害怕得罪同事，因

此就會開始動搖自己的道德標準，與職場政治主流者靠攏，甚至同流合汙。

但是所有的事情都有因果。如果因為害怕遇到同事霸凌，就一起犯錯。這樣的行為在當下種下的「因」，也就會在日後成為之後的惡「果」。因為做壞事的同事，為了怕東窗事發，絕對會刻意留下與你一起犯錯的證據。這樣如果未來上級追究，就可以**把一切的錯推在你身上**。

在職場因為不肯同流合汙而遭到職場霸凌是相當常見的，但是，那樣的負面職場，實在很難讓人能夠安心放心。其實，人生很短，不需要讓自己的生活搞的很紊亂。俗話說：所有的因果「不是不報，時候未到」。所以我們人是需要在生活中「選擇」。在職場選擇不同流合汙，也是對自己人生負責的一種方式。

就像我的波蘭女同事，雖然她被前老闆辭退，但是她找到德商公司，無論薪水或制度都比她前公司更好，這也就是沒有同流合汙，才能更上層樓。因為所有同流合汙的犯錯，在短時間內就算有利益，但是長時間下來，最後的結果也會不盡人意。

## 在職場「利益衝突」的當下，就是引爆職場霸凌的火藥

在職場，我們都知道強出頭會遭來麻煩，但是在職場不同流合汙，就會造成利益衝突的局面。這樣的利益衝突有時候是「錢」，有時候是「權利」，有時候是「名聲」，有時候是「職場派系」等。

說到「錢的利益」，在職場拿薪水做事，就應該盡心盡力。只可惜有部分職員會利用自己的職權來搶公司的生意。這個時候如果你知道太多當中的祕密，一定要假裝不知道。因為職場中祕密知道的越多，職位也就更加不保障。

波蘭女同事的前公司老闆「用人錯誤」，所以造成「懲罰不同流合汙者」。

所以在公司，員工最好還是學習自保。自保的方法就是不要探聽同事的事情，這樣就不會不小心知道了同事正在進行的壞事。公司有很多人為了生存，就會爭權奪利，因此有些人在公司比較沒有力量，就會被逼迫往勢力較大的一方靠攏。但是，這樣的同流合汙有時候是很危險的，因為風水輪流轉，有時候你在職場選擇靠攏的一方在公司失去權力，你也就會跟著遭殃。

在職場如果因為你不肯與同事同流合汙，而是去工

作，也不需要慌張，因爲在職場轉個彎，常常是越來越好。在負面的工作環境，換個工作，到了好的工作環境，通常就不會再遇到霸凌者。就算運氣比較不好，轉職後仍然遇到霸凌者的同事或上司，那麼你也會藉由前車之鑑，就會更知道如何面對與保護自己。

## 發現同事背叛公司，到底要告訴公司老闆，還是保持緘默，當中的法律責任

職場發現同事做出對不起公司的事情，猶如我的波蘭女同事在前公司發現前同事們，私下搶走公司生意，那樣的情況波蘭女同事爲什麼不向老闆報告？

我此文開頭有提到波蘭女同事高中時隻身從波蘭到加拿大讀書，所以會擔心自己的安危。除此之外，如果她在前公司的任職期間，把同事搶單的事情告訴老闆，肯定會讓前同事們對她有更嚴重的職場霸凌。

假設前同事們因爲波蘭女同事舉報上司而被解僱，那麼波蘭女同事可能還要面對前同事的報復。當員工中有人製造公司紛爭，就等同於「亂源」的產生，其實公司老闆與高層都會有能力發現員工私下對於公司傷害的行爲，只不過有時候發現亂源的時間拖的比較長。

除此之外，**此文職場風波如果是在台灣，波蘭女同事面對知道她的前同事們有違反商業法的行為，如果波蘭女同事「知情不報」，那她是否需要負「連帶責任」**（partial responsibility）？

這樣的問題，陳冠仁律師回答：在台灣的法律，處罰的前提是某個人做了不該做的「行為」，如果是某人故意沒有做出「行為」（例如知情不報），就要看法律上是否他有應做出行為的義務，如果沒有，自然不能因為別人沒做出行為卻要遭受處罰。

就像一個路人走在路上，突然看到有個小偷爬進別人家裡偷東西，除非小偷跟這個人是合謀的，或是法律上有賦予這個人有通報的義務（例如這個人是社區保全），不然不會因此處罰這個人或要求其賠償。

總而言之，在職場的工作運氣是，需要順應「機運」，配合「天時地利」與「人和」。但是，在職場「是否同流合汙」完全可以掌握在你自己的手中，因為你具有自己的「選擇權」。其實，人生很短，不需要讓自己的生活搞的很紊亂。俗話說：所有的因果「不是不報，時候未到」。

如果在職場你選擇不同流合汙，而遭到職場陷害的霸凌，你一定要知道替自己爭取權益，這個時候向老闆越級報告就是有必要的。因為你沒有越級報告，就有可能如

同我的波蘭女同事，在前公司被老闆資遣。

　　職場並不是只有埋首努力，就一定會有好成果。有時候在公司就是要會觀察環境，同時裝傻，知道祕密也不要表現出來。遇到同事強迫工作「同流合汙」，你也需要拒絕，以免之後事發，你成爲炮灰。在工作的過程中，遇到不公平的待遇，爲自己爭取權益是必須的。告訴上司或老闆之後，上級還不處理，你因爲不肯與同事同流合汙，而遭到的同事霸凌，那麼你仍然可以藉由在各縣市的「調解委員會」，來保護自己在職場的權益；也可以尋求法律的途徑，讓專業律師替你處理，但是這當然是最後的選項。

# 17. 「職場網路霸凌」，告訴你解決的方法

　　在德商，我看過幾次員工被「解僱」，除了此書第十五篇當中提到我的好友珍妮被以資訊外流的理由解僱。（讀者可以閱讀此書第十五篇的有關解僱與資遣的差別）。

　　另外一次就是看到員工被懲戒解僱的時候，我剛好從走廊的方向往辦公室走，當時看見一名女職員，手上抱著一個公司提供的四方形白色紙箱，低頭不語的離開公司。

　　當時那名女職員，低頭不語的疾步往公司正門電梯的方向行走，我知道那是離職，因為外國連續劇都是這麼演出的。電視劇的劇情雖然有部分會是虛構，但是很多電視劇的內容仍然是根據部分社會寫實，再加以增加劇情。

　　回到部門，女經理說：「那名女職員是被『解僱』。原因是**在網路上散播公司同事是非，以及在網路上負面批**

評上司，而且還是用公司提供她的電子郵箱來傳播負面訊息到外界。」

女經理一說完，我部門的同事們已經迫不及待發問：「是散播哪方面的網路謠言？」

原來，那一名被解僱的女職員，跟她部門的女同事有意見糾紛，正確的原因，我部門的女經理也不清楚，只知道她們兩人常常為了職務上的事情互相較勁。因此被解僱的那名女同事，就在網路上書寫一些對於那個女同事在部門所做的事情，當中有很多內容根據被誣衊的當事人表示，那都是捏造的。

據說，那名被解僱的女職員，甚至在網路還連名帶姓的把女同事與上司的名字公開，之後在當中寫下許多不好的內容。

**有關「網路言語影射」（沒有明說，但是暗示的說）這樣是違法嗎？**

陳冠仁律師說明：影射、暗喻的說詞，如果客觀第三人（就是跟本案無關的任何一個人）聽了之後都可以猜出或知道是在說誰，那還是構成侮辱或是誹謗罪。

也就是說，雖然法律上指桑罵槐的以負面不實的內容影射別人，眾人能夠由內容猜到是影射哪一位當事人，該當事人仍然可以提出法律告訴，但是裁定的結果還是要看法官的判定。

除此之外，那名被解僱的女職員還在網路上批評上司偏心。那位被解僱的女職員用不同的 email，傳出對公司的惡意評論，並且在網路上煽動別人不要到此公司就職。

其實這些以網路散播惡意的消息，就是「網路霸凌」。也就是只要在網路的內容屬於霸凌行為，無論是用公司內部網路散播謠言，或是用網路自媒體，都有法律責任。


## 網路謠言傳播

**網路霸凌（cyberbullying），一般又稱為網路暴力，是屬於信息的惡意詆毀與表達，無論是用文字、照片或錄影的形式，以及用網路的即時訊息，在網路上傳播負面與惡意的行為，就是網路霸凌。**

在職場上的網路霸凌，在近年來有越來越多的趨勢。目前的網路霸凌內容形形色色，有些人會光明正大的在網路上以照片或錄影的方式傳播負面訊息，而有一些人則會以文字匿名汙衊或者直接針對公司同事或上司來進行汙毀霸凌。

關於網路霸凌的嚴重性，大家不可輕忽。我在天下雜誌《換日線》曾寫過的一篇文章〈1,400 萬觀看人次、少女阿曼達的死亡控訴，可曾改變了什麼？嚴肅談談「網

路霸凌」〉，當中青少女阿曼達因為被網路霸凌，所陷入的抑鬱、自我傷害等，到最終的自殺死亡。

其實在職場的網路霸凌，也是與少女阿曼達被網路霸凌的行為類似。很多發生在職場的網路霸凌把受害人的個資公布在網路，甚至加上許多不實的資訊，試圖進行網路負面訊息散播。許多網路霸凌甚至會有照片移花接木的更改，來進行對被害人的網路攻擊。

這樣的情形，處於同工作場合的同仁，面對網路霸凌者出現在同公司的時候，受害者不只要在職場要面對霸凌者，在下班之後，也必須繼續忍受霸凌者的網路霸凌。那樣的身心靈煎熬，讓當事人心力交瘁。

但是，千萬不要忘記，受害者是可以反擊，為自己爭取權益。這樣的反擊不是要受害者在網路上向加害者用文字或視頻脣槍舌戰的互鬥，**而是受害者一定要記得把加害者的「文字、照片或視頻」從網路上下載，因為那就是搜尋證據的機會。**


## 悲劇個案促成加國立法：「自殺不是解方，而是要將霸凌者繩之以法」

2012 年 10 月 15 日，加拿大少女阿曼達因為被網路

霸凌過世 5 天後，加拿大下議院的國會議員們，開始針對網路霸凌立法（Cyberbullying Legislation）展開討論。多數議員主張制定全國性的防治欺凌策略，議案論辯中多次提到阿曼達的故事；2012 年 11 月 1 日，加拿大司法和公共部長成立專案工作小組，負責處理網路霸凌問題。

因為一位飽受網路霸凌少女的犧牲，加國立法、司法單位終於開始正視此一議題。如今在加拿大，**以下的「網路霸凌」行為，都可能成為警方認定的犯罪：**

‧發送惡意或威脅性的電子郵件或文字 / 即時訊息。

（Sending mean or threatening emails or text/instant messages.）

‧在網上發布羞辱他人的照片。

（Posting embarrassing photos of someone online.）

‧成立網站用以取笑他人。

（Creating a website to make fun of others.）

‧（在網路上）冒用他人身分。

（Pretending to be someone by using their name.）

‧誘使對方洩露隱個資或隱私尷尬訊息，並將其散布給他人。

（Tricking someone into revealing personal or embarrassing information and sending it to others.）

在職場的你，面對工作場合同事對你進行網路霸凌，

如果有上述這些警法認定的犯罪網路霸凌行為，如果遇到**上述的情況，就知道那是網路霸凌。**

## 如何面對「網路霸凌」，正確的捍衛自己，在此讓你知道面對職場霸凌處理的流程

網路霸凌是無形的惡魔。面對網路霸凌，你千萬不可以當下以牙還牙的在網路上回應，因為在任何你所在網路上回覆的話，以及寫下的話語，都可能對你自己不利。**不要讓你原本是被網路霸凌的受害者，之後竟然被反咬為網路霸凌者。**

網路霸凌當中，無論是使用手機或電腦，或者網路霸凌的文字傳播，就算不是用公司的內部郵件，而是自己的電郵或現在所說的自媒體等，也都會需要面對法律的責任。**陳冠仁律師說明：霸凌看的是行為內容是什麼，跟用什麼媒體傳播無關。**

也就是說，網路霸凌，只要是「內容」屬於霸凌行徑，無論是用 email，還是用現在的自媒體當中的 Facebook，或者 Instagram、Snapchat、blog 等，任何在網路上散播負面消息，或者利用別人的帳號，假冒對方的名義，來施行網路謠言散播，那都需要承擔法律責任。

**在職場遇到網路霸凌，要先做到的步驟：**

1. 收集證據

我再三強調，保護自己，不是向加害者回嗆，而是要收集證據，這才是說「不」的本意。

也就是說，面對職場網路霸凌，第一步絕對不是在網路上「據理力爭」甚至糾眾「戰回去」，而是立即透過翻拍或截圖的方式「留下證據」。所以，在現今自媒體盛行的時代，在文字上與影音上，都要注意文字內容，以及影片話語和行為。

面對涉及網路霸凌行為時，若受害者不知道如何有正確的步驟處理，就會讓自己陷入陷阱。

要注意，在多數的情況下，若對方（網路霸凌者已經存在明顯的惡意，「據理力爭」通常不會達到任何溝通的效果，反而會讓對方繼續加油添醋地攻擊。倘若「以其人之道還治其人之身」，則可能反讓自己也犯下不必要的過錯。最有效的方式，就是收集證據，下載對方網路霸凌你的內容與影片，然後尋求法律的途徑。

2. 輕微情節「向公司上級呈報」，重大情節則需要「報警」

網路霸凌不同於傳統霸凌，因為網路霸凌會有更密

集、更頻繁的訊息攻擊。在職場，如果發現同事在網路中霸凌你，只要網路當中的文字、照片或影片，有詆毀與汙衊你的言詞，或是如同少女阿曼達遇到的騷擾與猥褻的言語或照片等，甚至加上恐嚇，或者威脅要把負面消息告知你的家人或者更多的同事，這樣的行為，你都要知道這是屬於職場網路霸凌。

這些職場網路霸凌，你千萬不要傻傻的以為忍一忍事情就會過了，因為很多的職場網路霸凌，當中的霸凌情節，常常隨著時間增加而越演越烈。所以在工作場合遇到網路霸凌，情節較輕的狀況可以書面向公司上級呈報，如果是情節嚴重的網路霸凌，如對方有威脅要跟蹤你或者傷害你，並且危害你的安全與生命，則必須報警處理。

### 3. 轉職

在負面有毒的職場中，如果事情往上呈報沒有辦法改善，但是，事情的嚴重程度又還不至於到報警的狀況。這個時候，轉職也是一種選擇。

不要認為轉職好像自己很吃虧，被霸凌還要向戰敗者一樣離開。其實，在負面的有毒職場，很難讓你在任何方面有更好的提升，因為你在職場的精神如果需要應付網路霸凌，那麼你也很難在職場全心投入。這樣的處理方式，就像我們建議孩子在學校遇到校園霸凌，要知道如何

抽身。也類似在婚姻中遇到暴力霸凌，就會有生命危險。因此，在職場遇到職場霸凌，就算是以網路的形式，也需要考慮離職，因為在負面環境待的越久，危險越大。

一定要記得：現在網路盛行世代的「網路霸凌」（cyberbullying）知道如何解決。在職場絕對不能無視網路霸凌的存在。千萬不要讓現代科技的新興網路霸凌模式，消磨了你在職場的奮鬥意志。有關「網路謠言傳播」，**台灣「網路霸凌」的法律流程與法律條文、法律處置？**

陳冠仁律師說明：網路霸凌是一個事實狀態的形容，不是法律上的專有名詞，回歸到法律，就是看事實內容，是否構成《刑法》第 305 條恐嚇罪、309 條公然侮辱罪、310 條誹謗罪。

因此，我要再三提醒讀者，職場網路霸凌事件，被霸凌者（受害者）其實可以提告加害者。但是問題就出在，在職場有些員工被霸凌，根本就不敢做出捍衛自己權益的行為，原因就是擔心自己的工作不保。其實，遭到網路霸凌可以經由政府在各縣市的勞工局協助，或者經由律師的協助。就算你是「被誤解」為職場網路霸凌者，你也是可以尋求一樣的協助途徑，為自己找回清白的辯解。

# 18. 面對「職場栽贓霸凌」如何處理

　　有一天，市場行銷部門的直屬副總（Vice President）住院了！副總是一個年近七十歲的德國紳士，平日看似健碩，忽然說病就病。

　　我們部門雖然是處理進出口業務，但是也是屬於市場行銷副總所管轄，原因是我當時任職的進出口部門需要處理各國代理商事務，也算是另一種市場行銷的部分。

　　公司有五個副總，每一個副總都有很不同的個性。市場行銷副總，看起來很拘謹，但是卻是一個非常風趣的人，他每日總是會到我們部門勘查，也總是喜歡提到有關他在週末與他的妻子、孩子與孫子們，在他的假日農場養馬的有趣事情。這樣的舉止，和一般人認為外國人很注重隱私權很不同。

　　當時部門每星期都會收到在世界各國的企業，要求

成為代理商，通常公司也一定婉拒，因為我所任職的德商在世界各國經銷商的配額已經飽和。所以副總也會在我們部門傳授「拒絕企業主」的方式。

對於副總生病，部門女經理就提議，週末要有人代表到醫院探視，部門首選是我，原因就是我是單身，又再次被認為單身有更多自由的時間，所以當時我就要負責這些額外的工作。因此，我沒有埋怨的在週末與我在其它公司的友人一起去醫院探望副總。

但是星期一上班，我就遇到人事大麻煩！

危機出現了！星期一早晨九點鐘一刻，副總的女祕書就不開心的到我們部門興師問罪。

副總女祕書臉色不悅地對我說：「公司訂了一盆花束到醫院給副總，妳怎麼以妳自己的名義寫卡片，當成妳私人買的花送給副總？」

當時我看著副總的女祕書，一副得理不饒人的臉，我心裡真的感到生氣，但是我按捺著很想罵她的情緒，冷靜地應對。

因為明明是我自己掏腰包與朋友一起到華人的花店買花送副總，感覺空手到醫院探望副總可能不夠禮數。想不到竟然在星期一上班被副總祕書興師問罪！

那時候我心裡暗自想著：「早知道就不自己花錢買花，真是吃力不討好」！

因爲盆花一盆，頓時我們部門的女同事們都鴉雀無聲、一片寂靜。

那時，我以冷靜的臉色回應：「我自己花錢買的花束，當中有我寫的字卡，我沒有打算向公司請款報公帳，妳怎麼沒有證據的到我們部門汙衊我？」

沒想到副總祕書回答：「副總生病，我就是替他管理妳們部門。妳的女經理都沒有說什麼，怎麼妳還有理由反駁。」

副總祕書繼續說：「妳買的花，收據呢？」

那時候我心裡眞的很生氣，我心中認爲副總女祕書沒有資格向我詢問收據，因爲那是我的私人支出。當時我也沒有想要跟公司報公帳，所以我是以現金付款，我不想要在該花店刷卡，尤其當時那家華人花店，讓我付現金，沒有加稅金。但是說也奇怪，平日我通常都會把收據留下，但是就是購買那束花的收據，怎麼也找不到。

當時我以堅定的語氣告訴副總的女祕書，應該要先有「證據」才能來指責我。

還好，那時候我們部門女經理幫忙打圓場，要副總女祕書跟花店再次確認。

但是，副總女祕書卻說：「花店提過，會在星期六送花到醫院。」

這個時候，我回答副總祕書：「那麼妳可以去查一查，

誰簽收的。」

沒想到副總的祕書回答：「花店怎麼會有這些資料。」

**我當時真的覺得副總女祕書對我試圖「職場栽贓霸凌」。**

那樣的情況，我不想以「種族歧視」來反駁，如果換做別的族裔，可能就會以種族歧視來作為議題反擊。

這名副總女祕書跟了副總工作二十幾年，在公司講話總是以「上司」的角色自居。我實在不想用「狐假虎威」這個形容詞來形容她，但是我已經被她欺負了好幾次。因為很多次開會結束，副總女祕書都會走到我旁邊告訴我：「妳是新進員工，在開會中不應該舉手發言。」其實開會時我發言是因為副總要大家舉手發言，我才舉手表達意見。

還好那時候，我們部門女經理禮貌的示意副總女祕書離開，女經理說道：「現在是上班時間，我們部門要忙著業務處理。」女經理的出面阻止副總女祕書，才讓我可以暫停不用面對副總女祕書的「職場汙衊」！

之後整個上午，我繼續專心工作，我部門的女經理問我：「氣不氣？」

我回答：「氣，但是我不會被她影響！」說不會被副總女祕書影響，其實心中還是很氣，只不過我有能耐專注於工作，不會被閒言閒語所左右。

下午我們在員工餐廳午膳之後，副總女祕書又來了！

那時副總女祕書換了一副笑臉說道：「我真的感到有些抱歉，因為早上花店 11 點開門的時候，我打電話詢問花店經理。花店經理賠罪說：「是不小心漏掉那一張單了。」

副總祕書繼續說道：「花店今天會補送一盆花至醫院，也會再送一盆免費的盆花至公司，那麼，我就把那盆要送到公司的盆花送給妳吧！」

那時，我感到不可置信，一個誤解別人的人，在事情真相出現時，竟然那麼雲淡風輕的陳述，但是副總祕書有對我說聲抱歉，我也就息事寧人。

我當下也很有骨氣的回答：「請不要把花店補償公司的花送我，請留在妳的辦公室。」

後來大型盆花，還是送來我們部門，但是我就把花放在我們部門旁邊的檔案櫃上，沒有帶回家。

那時，我不禁大開眼界，「霸凌別人的人」可以那麼理直氣壯！


## 職場山頭林立，「驚悚劇集」的辦公室鬥爭

其實在職場被汙衊的人，就一定要知道捍衛自己的**權益，必須學習如何面對霸凌者。**

因為副總祕書並不是與我們部門一起工作，因此我還適度的忍讓，如果這樣的人是在我們部門，我一定會加以反擊。我會用「冷靜」的方式，記錄下她所講過的話的時間，以及旁邊的證人，如果對方霸凌我的情節嚴重，我絕對會錄音，以及呈報上級。

**面對職場有人故意栽贓，面對這樣背黑鍋，千萬不要當場大吼大叫，或者當中哭泣，因為職場被汙衊，需要的是冷靜地提出證據，讓時間與證據證明你的清白。**

當時我很清楚那樣的「職場栽贓霸凌」包含「權力不均」（power imbalance）。雖然我們無法戰勝職場上權力較多的同事，但是我們至少可以不為所動的冷靜面對職場的險惡，然後再逐一尋求正確步驟保護自己。

這樣的情形，常常出現在職場的派系惡鬥。所以好鬥的同事常常會惡意的進行栽贓，試圖陷害對方。在外國這樣的陷害，有時候會演變為種族歧視議題。但是，我通常不要把這些事件以「種族」這兩個字來歸咎，因為我更相信，一個會使用職場栽贓方式的人，通常是因為對方的人格偏差問題。但是，這樣的想法，只能放在心裡，不可以說出來，否則又會變成對方反汙衊我們使用言語霸凌。

在職場中被誤解，情緒上感到委屈是一定的。可是職場的公平與正義，不一定能夠在公司中的每一件事情存在，原因就是因為「人」的因素。

雖然職場是人才聚集的地方。但是當職場衝突發生時，每一個人比拼的不是才能，而是職場生存的技巧。

　　當一個人在職場遇到惡鬥時，你有兩個選擇，一個是「離開」，一個是「留下」。但是，要如何知道去留？最簡單的方式，就是自己評估你遇到的職場政治給你的「傷害程度」，因為每個人對於職場當中的人事物的容忍度不同，所以這樣的職場去留，是以你自己的感受為主，沒有一定的定律。

　　以我個人的看法，如果你遇到的職場霸凌，已經影響了你的情緒，並且造成你的失眠，也讓你失去上班的動力，那麼那樣的負面職場環境，無論你如何克制自己，也不會讓結果變好。那樣就要盡快離開保平安。儘管職場的霸凌之「火」還沒有把自己燒盡，也要盡快找到另外的公司。千萬不要認為自己有耐力克服那樣的惡鬥職場，因為「克服」兩個字，也要區分為「值得」與「不值得」。

## 在職場中要避免被陷害，自己的職務範圍之事要親力親為，以防被栽贓

　　在職場很多同事會互相替對方承擔工作職務，因為希望自己的善良，能夠在職場中贏得更多的人脈，也希望

能夠與同事更好地相處。

如果你因為協助同事，而能夠得到同事的感激，那麼你很幸運。但是，有時候職場是很可怕的，任何與「職位升遷」、「金錢利益」有關係的情況，就可能出現「你之前經手協助同事完成的職務內容，被動了手腳」。

因此，除非你真的確定對方的人品，而可以絕對的信任，你才能夠協助對方完成他需要完成的工作。否則接手同事未完成的職務，不單是你會吃力不討好，更可怕的是，有時候你會害自己職位不保，或者官司纏身。

公司常常有「高層職場派系」的「權力爭鬥」問題，也還有職員職場派系的「職務爭鬥」。我看過相當多不希望與公司政治有瓜葛的人，在職場仍然會遭到不平等的待遇或栽贓，因為「水至清無魚」。

所以，面對誤解，在平日就必須養成保護自己的習慣。在職場中如果平日發現哪些人對你不友善、有敵意，但是你與對你不友善的同事又有業務上的銜接需要接洽，這個時候一定要記得，在平日要**「記錄你的工作細節」**以及**「記錄與對方工作銜接的工作部分」**，以求未來萬一出事時自保。

如果你的工作需要外出洽公，那你就必須記錄你離開公司的時間，以及回到公司的時間，還有洽公、會談的公司名稱與會談內容大綱。舉例而言，我在德商工作期

間，我有時必須到律師事務所協助完成簽署商業文件證明，那麼我就會以大本的行事曆記錄工作過程，包含幾點鐘離開公司，幾點鐘到達律師事務所，幾點與律師談話完畢，會談的內容大綱，以及幾點離開律師事務所返回公司，還有幾點鐘抵達公司。這樣才不會在副總女祕書到我們部門視察的時候，發現我不在辦公室，就擅自向副總報告。

後來，別的同事告訴我，以前我們部門女經理，在二十幾年前大學剛畢業，曾經當過市場行銷部門副總的祕書，之後女經理在很短的時間內就被提拔為現在的位子，然後副總才有現任的副總女祕書。那個時候，我才知道副總祕書處處刁難我，其實就是副總女祕書在跟我部門的女經理比拼。

但是在職場不要把女性被提拔都認為是因為使用美色。我部門的女經理，絕對是在工作職務上相當有能力的人，而且她對工作負責，以及對部門所有女同事關心，都是證明我工作部門女經理的專業態度。尤其，每當副總女祕書在公司常常找藉口霸凌我的時候，還好都是我們部門女經理出面阻止。

所以，年輕人在公司要慎防居心不良的同事，要在工作場所中言行舉止小心，經手的文件內容更要記錄，不可以讓你的同事擅自經手，更不可以讓霸凌你的同事有機

可乘。因為任何的文件，都有可能被有心害你的同事動手腳，唯有你全權處理自己的工作，不要假手他人；也要記得在協助同事的時候，記得留下紀錄，否則到時候出事，你會無法替自己辯解，因為當中的文件已有你的「簽名」以示工作完成。

被「言語汙衊」與「職務栽贓」在職場常常發生，但是風水輪流轉，假以時日霸凌你的人還是會得到報應。但是，萬一你遇到職場霸凌，最重要的還是要收集證據替自己討回公道。在職場很多人對於「職場汙衊」是否觸法，不太了解。因為職場汙衊，有時候是因為言語沒有查證，就認定對方犯錯，**就像此文的公司副總祕書，沒有小心查證花店送花紀錄，就隨口在職場栽贓於我。這個時候如果這樣的類似情節發生在台灣，究竟沒有查證就以言語汙衊同事的人，是否觸法？**

**陳冠仁律師說明**：要看栽贓手段與程度，不一定就是刑事責任的問題，有時候是單純民事侵權行為損害賠償問題而已。要看情節輕重，如果是職場栽贓（更改文件，嫁禍同事），在台灣法律的部分也是與上述的職場汙衊（言語沒有查證，就認定對方犯錯）相似。

因此，這樣的事件就要注意「栽贓手段與程度」，但是，職場栽贓就算對方手段與程度不嚴重，也仍然會在職場讓你引起軒然大波。所以，在職場要如何證明對方的栽

贓行徑，最重要的就是收集證據，在職場記錄你在公司的「每日工作紀錄」是最有效的方式。或許有人會覺得記錄工作內容與行程好像過度小心，其實在面對職場有小人的時候，真的有必要，這樣的紀錄常常是可以讓你避免職場霸凌之人的攻擊。因為當職場有人想辦法以言語或行為栽贓你的時候，**你才有保護自己的籌碼。**

**在德商，我學會在職場，被指控無所懼！**（From my previous work experience, I have learned that there is nothing to be afraid of when facing an accusation!）

# 19. 「孕婦求職被拒」以及「孕婦因孕被辭」的「個人身分轉換霸凌」

在德商工作，有一天部門女經理要我到公司的工廠勘查，了解一下公司的機器。雖然我是在進出口部門，但是有時候必須回答代理商有關醫療儀器維修的信件，只有靠公司的儀器細節說明書，實在是很難了解。尤其每次我替代理商詢問工程部門工程師問題時，工程師所說的醫療機器專有名詞，我真的感覺很外行，所以女經理那天早上，要我到工廠部門找廠長進行了解工廠機器生產。

到了工廠部門，我就被工廠的場景震撼，因為看到流水帶的機械半成品在檯面上快速運轉，就像電視上看到的工廠景象。當時站在機器旁的男女員工，有效率地不停的放置螺絲在機器當中，工廠沒有我想像的吵雜聲音，反而蠻安靜；而且工廠的作業員也沒有互相嬉戲聊天，完全是高效率專注在機器上面。

我踩著高跟鞋，快速的往廠長辦公室行走。還沒有到廠長辦公室就聽到了一個外國女人的大聲講話，注意一聽，居然是抱怨廠長「不錄取她」。我心想，來的真不是時候！正想趕快離開工廠回公司，但是，卻被廠長發現，要我進去。

我那時候很尷尬，因為要進入廠長辦公室，就要經過那位大聲說話的女士。但是，當我快速進入廠長辦公室時，我本來以為那位女士會離開，但是那位女士繼續說對著廠長說道：「你不錄取我，難道就是因為我是孕婦。如果我不夠好，那你為什麼之前通知我面試？」「你如果不錄取我，我要到人權協會投訴你與工廠。」

那個時候，我感覺大事不妙，怎麼剛好遇到這樣的職場糾紛！

想不到工廠廠長冷靜且禮貌地回答那位求職被拒的懷孕女士：「這樣的情形我遇到非常多次，我想要告訴妳的是，我在徵才內容當中的 requirements（需求）有提到應徵者需要能夠搬動機器。」

那位女士竟然回答：「我能夠搬得動很重的機器。」

廠長繼續說：「妳現在懷孕，搬動機器是很危險的。」

那位女士繼續說道：「你是男人又沒有懷孕過，你怎麼知道那是危險？」

那時候我在那裡，馬上知道那位女士就是希望能夠

立即得到錄用通知，而廠長則是堅持不錄用。

廠長告訴女士：「孕婦從事工廠的機械工作對胎兒有害，妳目前懷孕如果在工廠工作也會增加流產的機會。」

那時我聽到廠長這樣說，我心裡倒是蠻贊同的，因為醫療機器有大有小，但是我所服務的醫療研發公司生產的大多數是大型機器，只有一部分是小型機器，而且那些機器無論大小都是非常有重量，確實對孕婦危險，也可能增加流產機率。但是，那位懷孕的女士，就是不肯離開。

廠長繼續對著懷孕的女士說道：「現在我很忙，需要與這位女同事開會。希望妳能夠先離開工廠，否則我可能需要請工廠的警衛帶妳離開。」

那個時候那位求職孕婦看了我一眼，眼神中有幾許的難過與急躁，我趕快低頭，因為我無能為力。我當時心裡想到，為什麼一個孕婦一定要堅持在此工廠工作，想必是有生活上的難處。

那位女士離開之後，廠長坐下，告訴我：「這樣的情況不違反『人權』（human rights），因為徵才廣告中已經很明確地列出，需要能夠搬動重物的人。」廠長表示徵才內容都詢問過公司法務。

多年後我念法律，讀到有關「人權法」（Human Rights Code）的部分，就會浮現出當時廠長所說的話。

確實，廠長不錄用孕婦，並「不違反人權法」，也「不是歧視孕婦」。

## 如何區分孕婦求職者是否被歧視

上述的情況，並不是意味著孕婦的權益不重要。但是，任何的權益都有限制與法規，雖然現在世界各國先進國家，強調職場「男女工作機會平權」（equal opportunity in the workplace），但是孕婦要應徵體力活，無論是工廠、餐廳或公司，只要雇主有在「徵才內容」詳細說明「工作性質」，那樣雇主就沒有違反任何人權法令。

但是，如果孕婦在工廠或公司等工作多年之後才懷孕，但是卻被上司或雇主把工作多年的懷孕女員工辭退，那就違法。

在這裡我舉一個加拿大的案例讓讀者了解一下求職孕婦是否被歧視[15]：

這個案例 Sidhu 在一苗圃工作一年多，但是因為懷孕無法提重物，也無法給植物施農藥。當 Sidhu 告訴雇主她的狀況，雇主卻把 Sidhu 的工時減少，所以 Sidhu 以法律途徑爭取她的權益。

這樣的結果，苗圃的雇主敗訴，因為雇主沒有做到

給員工應有的支持系統（employer failed to accommodate Sidhu during her pregnancy）。

這樣的情形，雇主之所以會敗訴，是因爲 Sidhu 在懷孕前已經在苗圃工作一年多，之後她懷孕，雇主應該做到「適當安置」的責任；因爲一個公司當中，還是很多職位可以適合孕婦工作，適當的職務調動，是資方保護懷孕員工的基本。

所以，由 Sidhu 案例以及我在德商工廠部門遇到的孕婦求職，就可以區分這兩種情況有很大的不同。Sidhu 在苗圃園已經「任職一段時間」，而我在德商工廠遇到的那位孕婦是「剛要求職」。

這種情況，如果是在職一段時間而懷孕，雇主是不可以隨便就把懷孕的女員工辭職，而是必須把孕婦安置在「合適的職位」（suitable position），因爲這是雇主需要提供給孕婦的職場權益。

**這樣的情況不同於剛懷孕的孕婦試圖求職，沒有注意徵才的公司徵才內容當中所寫的「工作要求」（job requirements），因爲很多工作是具有危險，不適合孕婦任職，那就不是孕婦求職刻意被拒絕的霸凌。**

## 對於孕婦職務「不當調動」或者因為女職員懷孕，因此「解僱」懷孕女員工，就是屬於「孕婦因孕被辭」的職場霸凌

要注意的是，女性員工在妊娠期間的是具有工作保障。根據台灣《勞動基準法》第 5 條：女工在妊娠期間，如有較為輕易之工作，得申請改調，雇主不得拒絕，並不得減少其工資[1]。

**女員工懷孕，雇主要做到合理的職務調動，必須考慮到以下：**

· 調動的薪資必須合理，不可以過度低於懷孕員工本來的薪資。

· 交通上也必須顧慮懷孕孕婦，不可把孕婦職務調動至離孕婦通勤過久的地點。

· 職務上也必須符合孕婦的身體負擔，以及能力負擔。

上述這三點是我給員工懷孕需要注意的地方，這不是法條，但是，每一個國家的法律都是以此方向保護孕婦，所以孕婦員工就要注意自己的權益，不要落入資方對妳懷孕的不當調動，因為那就是屬於雇主對孕婦員工的霸凌。

現代的社會形態，對於職場婦女懷孕、分娩與育嬰

方面，都是相當的注重。以台灣為例，雇主不可以解僱懷孕婦女、分娩婦女與育嬰留停受僱者。因為根據《性別工作平等法》第 11 條第 2 項規定：「工作規則、勞動契約、或團體協約，不得規定或事先約定受僱者有結婚、懷孕、分娩、或育兒之情事時，應行離職或留職停薪，亦不得以其為解僱之理由。」

除此之外，《勞動基準法》第 13 條規定：**勞工在第 50 條規定之停止工作期間或第 59 條規定之醫療期間，雇主不得終止契約**[16]。但雇主因天災、事變或其他不可抗力至事業不能繼續，經報主管機關核定者，不在此限。

以台灣為例，《勞動基準法》第 50 條規定：女工分娩前後，應停止工作，給予產假八星期，女性妊娠三個月以上流產者，應停止工作，給予產假四星期。前項女工受僱工作在六個月以上者，停止工作期間工資照給；未滿六個月者減半發給。[1]（在產假期間，雇主不可以資遣，也不可以解僱）


# 懷孕婦女因家庭經濟因素，必須外出尋找就業機會，需要注意的事項

「求職懷孕婦女」要注意：

1. 尋求適合的工作，懷孕期間要找到安全的工作，也是保障肚子當中生命的重要性。

　　2. 要清楚知道求職內容當中的徵才的「要求」（requirements）是否適合懷孕婦女自身。

## 「在職懷孕婦女」要注意：

　　1. 在職懷孕婦女，要知道什麼是保障自己的權益，也要知道法規來保護妳自己的權益，那樣等於給予妳腹中的孩子更好的生活。在職懷孕婦女並且要知道生產後，妳在職場所擁有的法律權益，尤其是產後哺乳以及育兒，因為台灣《勞動基準法》第 52 條：子女未滿一歲須女工親自哺乳者，於第 35 條規定之休息時間外，雇主應每日另給哺乳時間二次，每次以三十分鐘為度。前項哺乳時間，視為工作時間[1]。

　　2. 在職懷孕婦女要知道，公司應協助懷孕的職員能夠在職場中得到屬於孕婦的需求，諸如產檢假、產假、安胎休想請假以及育嬰假。但是，很可惜的是很多「孕婦遭到雇主職場權益剝削」主要就是因為希望逼退孕婦離職。

　　部分惡劣的雇主，認為孕婦無法如同單身時期全力投入工作，更無法完全配合公司出差或加班，因此部分雇主會以不良手段來逼迫生產後的婦女離職。其實懷孕婦女是受到法律保障，以台灣為例，保障懷孕及分娩婦女工作

權益，在《勞動基準法》第 13 條及性別平等法第 11 條及第 17 條等法規中另有特別規定。

**雇主要注意：**

1.徵才啓事，雖然不可以寫「孕婦不宜」，但是一定要寫清楚「工作的內容與細節」。也就是說，當雇主你在寫徵才內容的時候，你其實已經知道孕婦不宜，所以就要在徵才文字中寫下「孕婦不適宜的工作項目」，但是卻「不能寫下任何歧視孕婦的字眼」。

換言之，任何的徵才文字敘述，都不可以有種族歧視，或者性別歧視，包含孕婦歧視都是一定要避免的。

2.一定要盡量協助在職女職員在懷孕時期的協助，無論是協助懷孕女職員在公司內轉職，至工作負荷量較小的職位，或者協助懷孕女職員，在孕期產檢或孕期生產所需要的請假批准。

3.雇主要做到所處國家的法律規定，給懷孕女職員產後的產假，並且協助職員在產假返回職場之後的一些協助，包含時間調配。這樣的協助看似雇主吃虧，其實大多數女職員都是感念公司的通融與協助，之後也一定會大力爲公司盡職。

一定要注意，對於孕婦的福利與保障已經是先進國家的趨勢。無論你處在哪一個國家，在任何職場都要顧及

女性員工的權益，包含懷孕女職員。讓女性自己，或者男性的妻子與姊妹等，都可以得到職場孕婦的基本保障，才不會落入因爲懷孕而需要面臨解僱的職場霸凌。因爲懷孕婦女已經很辛苦，如果加上資方刁難，不只沒有安置懷孕女員工，甚至把懷孕女員工調職到不適合孕婦的職位，或者找藉口解僱懷孕女職員，那都是違反政府的法規。

　　孕婦女員工的身心靈健康與否，會影響孕婦身體中的胎兒。懷孕女職員分娩後的育兒生活，也需要與職場的合適工作相輔相承，這樣才能讓懷孕生產的女員工有平衡的生活，也才能讓孕婦回歸公司之後，把原有的技能與知識繼續貢獻給原公司。

# 20. 如何協助杜絕「歧視殘障者」的霸凌

德商是非常注意團體精神。我記得第一天到德商面談的時候，我特別準時，面談的時間是早上九點，我在八點半就提早到達公司，美麗的總機小姐，親切的招呼我。她堅持要帶我到公司的員工休憩室，那裡有咖啡、茶與早餐小點。

那時，她動作緩慢地把椅子往後退，我驚訝的發現，她退後的不是椅子，而是「輪椅」。

正當我不知所措的時候，總機小姐自己開口說道：「我是殘疾人士。」

並且談笑風生的與我一同前往員工休憩室。在總機小姐陪我走至員工休憩室的短短距離，我可以感覺到總機小姐的「正能量」。

總機小姐並沒有因為她自己是殘疾人士而感到自卑，

事實上總機小姐是一個充滿自信的開朗女人。那個時候，我意識到德商選擇員工，注重的是「才幹」。因為在德商，不在乎員工的四肢是健全或者殘缺，只在乎員工的頭腦清楚，也就是德商在乎的是員工的正面態度以及努力、良善。

除此之外，德商也在「接納殘疾員工」（accommodating employees with disabilities）方面做得令人讚賞。公司有特別給殘障人士使用的洗手間，讓殘障人士的員工或者到公司洽公的殘障者都可以如廁便利。公司也在一樓有輪椅專用道，員工餐廳也有殘障人士的無障礙走道。

在德商，我到其它公司洽公的時候，也見過洽公的彼公司的電腦部門，當中有手腳殘疾的電腦工程師，該公司提供特別的桌椅，以及技術援助（technical aid），並且給予「時間彈性工作／更改工作時間」（modifying work hours）的工作自由。

當時，我也曾經在洽公別的公司的時候，看過眼部視障人士，但是該女士俐落的工作，因為她只是視力有障礙，並不是全盲，所以她在工作上仍然相當俐落。那位視障女士，在我過往打電話請她協助約定與她上司見面的時間時，她的好聽聲音，以及有效率的協助我安排時間等，都與身體沒有殘疾的人一樣，而且可以說是相當認真。

我在她任職的公司，發現她桌上的電話和一般公司使用的公司電話有些不太一樣，因為當中的電話字幕特別大，而且那位視障女士的電腦螢幕也不太一樣。可見，該公司對視障女祕書在工作的**「特殊需求」**（employee's special needs）有做到相當貼心的輔助。

　　在西方國家，對於殘障人士，一直鼓吹「一視同仁」，因為殘障人士只是先天的肢體障礙，或者後天的意外變故，並不是代表殘障人士低人一等。所以遇到殘疾人士，千萬不要用憐憫的表情與對方交談，要把對方看成是一個健全人，因為事實上肢體殘疾人士，並不是有任何心智上的缺陷。反倒是，部分身體健全的人，在行為上會霸凌身體殘疾者，那樣的身體健全者，才是心智最殘疾的人。

## 《人權法》對於殘障人士的保護

　　太多人在生活上對於殘障人士作出極度的兩極化反應。其一，就是極度的看輕；其二，就是極度的同情。

　　但是，殘障人士需要的不是看輕與同情，而是被當成「正常人」的尊重。所以不要把身障者以及殘障者看成是無能。

　　西方先進國家，對於殘障人士的關懷是政府大力推

廣的部分，根據加拿大《人權法》第 17 條「接納方式」，其中第 17（1）條規定，當事人根據本法享有的權利不受到侵害，其理由僅是該人無能力履行或履行參加該法律所必需的基本職責或要求因殘障而行使權利[17]。

　　加拿大只要是具規模的公司，都一定會有職員名額給殘障人士。在西方國家，大型公司都一定會有名額提供弱勢團體工作機會。除了在**「接納殘疾員工」**（accommodating employees with disabilities）的心態上做到提供殘疾人士在硬體環境的無障礙走道提供，以及輪椅進出的便利還擊，在工作職務上，做到提供特殊桌椅與特殊電話與特殊電腦螢幕等設備，最重要的是同事之間對於殘障人士的尊重，可以大量的減少職場對於殘障人士歧視與霸凌。

　　不要忘記，**在目前全球化的經濟體系，對於「殘障者的歧視」**（discrimination to people with disabilities）**是職場的大忌。**

　　在此讓我們對殘疾人士一視同仁，避免讓過度同情殘疾人士，或者輕視殘疾人士，造成職場霸凌的發生。除此之外，殘障人士有很多人在工作能力上，其實是很優秀，只不過殘障人士在職場目前的被提拔狀況仍然有待加強。

## 在外商，不在乎四肢健全或殘障，只在乎頭腦是否清楚與才幹

在德商工作，很多人問我在面談的時候，應該要注意什麼？

我常常笑著回答：「一定不要讓自己的眼睛長在頭上！」

這句話是什麼意思，就是隱喻在職場，千萬不要「勢利眼」，只知道在面談時，對面試的長官畢恭畢敬，但是對旁人卻帶著高傲冷眼。

可惜的是，社會上很多人對於殘疾人士有異樣眼光，造成殘疾人士在精神上的自卑。其實，殘疾本身並不需要自卑，大多數的殘障人士只是身體殘缺的問題，並不是工作能力有問題。

**很多時候不是我們的身體侷限自己，而是我們的想法侷限自己。**

因此，在職場要杜絕對於「殘障者的歧視與霸凌」，就要從我們每一個人做起。社會上有很多具有正能量的殘疾人士，比起危害社會的好手好腳人士，還來得更加可敬。

西方國家對於殘疾人士的職業訓練以及工作安置明顯地做得比亞洲國家好。這樣的意思並不是意味著亞洲國家在協助殘疾人士做得不好，只是意味著亞洲國家對於

殘疾人士的工作提供還是有許多進步的空間。尤其亞洲國家，很多職場在整體環境設施方面，仍然沒有西方國家為殘障人士考慮的周到。

## 不要忘記，對於殘障者需要使用「以人為本的語言/人權為主的語言」(People First Language)，而不是使用同情的語調與眼神，因為殘障者與一般人都是「生活的正常人士」

在職場，不要把身障者以及殘障者看成是無能。工作場合對於殘障人士，要做到其一，不看輕；其二，不同情。因為，殘障人士需要的不是看輕與同情，而是被當成「正常人的尊重」。

**在職場，對於殘障同事不要稱呼為 Special Needs，要稱之為 People with Disabilities。**

因為以人為本的語言，也是以人權為主的語言（People First Language）是目前在西方國家也在推廣的方式。在生活中對於殘障者要使用的語言可以讓殘障人士在生活與職場中得到尊嚴。

目前西方國家很多 YouTube 影片，What not to do in a convenience store – Scope and The Southern Co-operative [Video]<sup>18</sup>（在便利店不該做什麼），目前加拿大很多大學正加強宣導讓人民不要對於殘障人士出現相處的錯誤行為。此影片雖然在便利商店拍攝，但是，當中的內容讓人們知道如何尊重殘障人士（equality for people with disabilities），而且此影片的內容有很多場景，可以讓職場的工作者知道如何用對的方式與殘障者的同事相處。

這個影片當中有些人用輕蔑的表情，看輕殘障人士。有的人則用高八度的聲音在超市跟殘障人士講話，雖然高音量與殘障人士說話者的「動機」或許是善意，但是表現出來的超大聲音量與殘疾人士講話，真的是一種生活歧視。

西方很多影片打出宣傳語：Remember, help is always welcome, but I am blind, not deaf, not deaf.（記住，幫助我們是歡迎的，但我是盲人，不是聾啞、不是聾啞）。

影片這樣的強調兩次「不是聾啞」（not deaf），實在是因為太多人在行為上對待殘疾人，有太異常的行為。如果這樣的行為出現在職場，那真的是一種對於「殘疾人士的職場霸凌」！

所以，在職場，請不要做任何假設。一定要對殘疾人士一視同仁。尤其有的殘障者的外觀是看不出來的 Not all impairments are visible。因為有的殘疾部分是在腦部構造。

這個時候，你如何區分，殘疾人士是外部肢體殘障，還是內部殘疾？

其實，根本就不需要區分，只要我們待人接物，都把每一個人「一視同仁」，這樣的問題就解決了。也不會出現在職場中，殘疾人士被看輕與被霸凌。

在西方很多公益影片宣導強調對殘疾人士的相處的宣傳語，我覺得相當好，在此與讀者分享：Just because I am disabled, you don't need to feel awkward. Just talk to me like anybody else.（只是因為我是殘疾人，您無需感到尷尬，只需像其他任何人一樣與我交談）。

從這些生活的細節，就是我們在職場與生活中，需要正確對待身障同事或客戶的方式。因為這個社會中的殘障人士，無論是身障者，或者外觀看不出的隱性殘障者，其實都需要被尊重。在職場一定要知道如何與殘障同事相處，就可以讓殘障者的同事，在職場得到平等的對待。在職場，協助周邊的殘疾人士同事，只需要一視同仁的對待。

在此，讓我們對欺負殘疾人士的霸凌者，說「不」（NO），並且對不尊重殘障人士的霸凌者，說「停止」（STOP）！

職場霸凌防治

# 「提升篇」

在我任職的德商進出口部門，同部門有一名女同事是埃及裔加拿大，她從小並不是在埃及長大，而是在法國長大，並且在法國結婚，才與她的先生才移民到加拿大。

那名埃及裔女同事發現我特別喜歡古文明歷史，她注意到我在網路上看有關金字塔的文章。因此，每個週末她帶她的孩子到圖書館借書的時候，就會順便借一些埃及古文明書讓我參考，並且叮囑我，下班後記得閱讀，隔日上班休息時間可以和她討論。

有一次，我把那位女同事借我的書籍，在午餐時間還給女同事，因為我記得女同事借我的書當中的還書日期即將到期。那時別部門的同事拿餐點，經過我與同部門同事用餐的桌位，那位我們並不熟悉的其它部門同仁，停下腳步說道：「那樣的古文明已經消失且落後，沒有什麼值

得看那樣的書籍。」

那時候，女同事非常生氣的立即不悅地回應：「**你這樣的言詞沒禮貌，而且是違反人權**（violation of human rights），完全不尊重別人的文化。」

那個時候，那名我們不熟悉的同仁沒有理會女同事，就不吭聲的走開。但是，說時遲那時快，女同事馬上起身，立即跟上那名我們不熟悉的男同仁，女同事生氣的對著那名男同仁要他立刻道歉。

那個時候，我是公司新進職員，對於那樣的場景我有點嚇到！

尤其當時我還沒有就讀法律，所以雖然知道在外國，「人權議題」與「文化議題」是相當敏感的話題，但是我也從來沒有親眼看過有人因為人權議題有爭執，只有在電視報導當中注意到文化議題在全世界的重要。因此，當女同事的激烈反應，我當時真的擔心雙方會有肢體衝突。

還好，德裔女經理立刻起身制止雙方衝突，並且安撫女同事回餐桌坐下，而那名男同仁看到情況不對，也口頭上應付的說句道歉了事。

那個時候，女同事直呼要往高層報告，也直呼要到法律人權協會申訴。

最後在女經理的極力安撫與勸說之下，這件事情才畫下句點。但是，那樣的場景讓我深知人權議題的重要，

也真的感覺在職場要尊重不同文化。尤其現在的社會，各個國家都有商務往來，這樣的議題實在是很重要，否則真的很容易落入「文化霸凌」！

我曾經問自己，這樣的事情換成是我，我會如何處理？

說真的，我的個性不會立即向無理冒犯我的人當面理論，但是我的個性一定會跟公司高層報告。

每個人對於這樣事件的處理方式不一樣，這當中也沒有絕對的對錯，只要不是用言語貶低對方，並且避免肢體傷害對方。其實在「文化霸凌」與「種族議題」，把當中的不滿講出來也是一個方式；只不過我的個性並不想與已經對我不友善的人溝通，因此如果這件事發生在我身上，我會選擇直接向公司高層報告。

在北美的職場，只要在言談中，觸及到「人權」（human rights）的話題，說話時就要相當小心。在談話的用詞，任何顯現對於特定種族的輕視，不單會有職場的處分，有時候甚至有官司的纏身。

**加拿大安大略省的《人權法》是加拿大第一部《人權法》，於 1962 年制定。該守則禁止在受保護的社會地區，基於受保護的理由，歧視人的行為** [17] 列出如下：

・年齡 age
・祖先、膚色、種族 ancestry, colour, race

- 公民身分 citizenship
- 種族出身 ethnic origin
- 發源地 place of origin
- 信條 creed
- 失能 disability
- 家庭狀況 family status
- 婚姻狀況（包括單身身分）marital status （including single status）
- 性別認同、性別表達 gender identity, gender expression
- 接受公共援助（僅限住房）receipt of public assistance（in housing only）
- 犯罪紀錄（僅在就業中）record of offences（in employment only）
- 性別（包括懷孕和母乳餵養）sex（including pregnancy and breastfeeding）
- 性取向 sexual orientation

## 在職場有關國籍、民族血統，或來源地的歧視在職場中需要格外小心

隨著世界商展交流，尤其是具有移民熱潮的國家，就會出現職場有不同「國籍」（citizenship）、不同「民族血統」（ethnic origin）或不同「來源地」（place of origin）而自然形成的公司文化，也就是職場中的小團體。

這樣的現象，在國際職場上是很正常的，很多跨國公司，常自動形成「歐洲職員團體」、「當地白人團體」、「亞洲小圈圈等」。不過我所處的德商公司，只有幾個華人，所以沒有華人小圈圈。

有關國籍或種族的用詞，在北美常有爭議且十分敏感。因此在當地職場，任何關於國籍、民族或來源地的用詞，都要非常小心。最簡單的預防方式就是，盡量避免提到，「你們○○○人都如何」這類的言論。因為只要言詞稍有不慎，就可能會被公司處置，甚至工作不保，更嚴重的還會吃上官司。

在亞洲國家的上班族，一定要杜絕文化歧視，因為現在各行各業都跨足國際，因此每一個企業都應該有「多元文化」的了解。在外商生存，除了自己的知識、效率、紀律。說真的，**「與各國族裔同事相處的能力」就是職場生存的能力！**

和不同的族裔的同事相處，不單能夠學習其它族裔的優點，同時還能夠增進同事之間的友好關係。目前亞洲的企業，許多都已經在國際上綻放頭角，因此亞洲企業的員工，更需要在多元文化方面下功夫。尤其，員工需要真心真意接納不同族裔的同事。

　　為什麼，我強調要真心真意呢？因為，在職場中，所有的偽裝，久而久之慢慢就會被看出來當中的真偽。因為，在職場同事間的每日相處，如果只有做到巧言令色的投其所好，但是卻在行為上對不同族裔的同事有歧視。那麼在工作場合久了，就能夠看出破綻。

　　我曾經見過有同事提到喜歡吃咖哩，而隔壁部門同事，很高興地把自己帶來的咖哩飯與咖哩點心，拿出來與那個同事分享，但是，那個同事竟然推拖胃不舒服。由此，就可以知道那個同事的言語是真心，還是偽裝！

　　一定要記得：在職場與不同族裔同事相處和睦，也是一種競爭力。當今，已經有相當多的亞洲企業屬於跨國企業。因此在職場中，有關「文化議題」與「種族議題」等人權議題，就一定要在交談中小心謹慎。

　　加拿大的職場工作，非常注意「歧視」（discrimination）這兩個字。所以在北美要和不同族裔同事相處，最重要的就是要知道「什麼能說，什麼不能說」！其實這樣的職場文化，跨國企業的員工都要注意到。

因為不同國家的文化有差異，就算你無心冒犯，但是，如果因為你對其它族裔文化不了解，就很容易在工作中得罪對方。在目前世界是文化的大熔爐，企業又是跨國的拓展，因此各國人士都需要有包容的胸襟，這樣的職場「多元文化」修鍊，就應該從「說話分寸」做起。因為能夠在職場中相安無事，沒有紛爭，其實就是一種最好的職場生存法則，也是一種職場的競爭力！

# 22. 「職場年齡歧視霸凌」因職場而異，如何重塑自己

在德商的某一天，一名在公司服務超過二十年的女性，大約六十歲左右。她到我們部門找女經理，因爲她與女經理認識的時間已經有二十年左右的光景。

我的辦公桌就在女經理旁邊，所以那名女士與女經理的對話，我就算覺得不應該聽，也會無法避免的完全聽到。

那名女士問女經理，可不可以在我們部門提供她一個職位，因爲她整個部門的員工全數被資遣。

但是，女經理當下語氣婉轉，態度堅決的拒絕。

我記得女經理告訴那位被資遣的女士：「進出口部門與妳的部門工作性質很不同，而且這是公司的決定，如果公司有合適妳的位置，應該早就協助安置。但是，因爲妳部門的性質與現在公司類別差異很大。」

後來我問女經理，才知道那位被資遣的女職員，是前老闆的原班人馬班底。（有關德商前老闆，讀者可閱讀此書第八篇：在職場不要加入公司小道消息造成「妨害名譽霸凌」，小心不要讓霸凌同事的汙名掛在你身上，因爲危險就在你身邊！）

我依稀記得那位被資遣的女士，哀求且誠懇地告訴進出口部門的女經理說道「她可以學」！但是部門女經理斬釘截鐵地說道：There is no such thing as learning at the job; you have to be ready for your position at work.（在職場沒有所謂的妳可以學；只有所謂的妳已準備好自己在工作中）。

女經理繼續說：Opportunities are only provided for those who are ready to work!（機會是只有給準備好的人）。

這樣的職場要求，東西方其實都相同，因爲職場機會確實是給準備好的人，而不是給毫無準備，只以口頭承諾的人。因爲職場工作，大多數都需要與該行業有關連，這樣員工進入公司之後，才容易訓練。

當然也有一些公司，會接受在學校本科與工作職務不同的社會新鮮人，可是如果屬於較爲專業的行業，大多數還是會需要學術本科與未來職場有關連。但是，這只是常態，不是一定的定律，因爲職場中總是有很多例外。

但是，對於那次德商把整個部門裁員，也按照政府的規定給予「資遣」的金額。但是，這樣的事情，我們原本以為會告一段落，沒想到那名被資遣的女士，竟然在之後提告公司「年齡霸凌」。但是那樣的案件，半年後就成為「法律案件被駁回」（law case dismissed），主要是因為德商做到法律上應該做好的資遣部分，而且公司確實沒有任何職位可以安置那名被資遣的女士。

## 「年齡」歧視其實不應該以年齡來界定

雖然在北美的跨國大型公司（亞洲俗稱外商），經常號稱「用人唯才」，沒有年齡歧視。但是我個人在加拿大經歷商務、金融、法律等不同職場的觀察，其實很明顯的觀察到，很多公司在招募人才時，雖不會明文標示「年齡限制」；因為在部分國家或地區，招募人員若把年齡限制寫在聘僱要求中，會違法相關法規。但是很多情況其實在面談之前，就已經先暗自刷掉「超齡者」。

年齡歧視議題存在的誤區：

1. 工作性質
不是所有的工作都歧視年長者，因為以我的經驗，

加拿大的法律界與醫學界，還是以中高年齡者最被看重。因為律界與醫界的中高年齡者，在經驗上與實務上更加有經驗，在工作的穩定度上也較高。當然這只是一般的情況，仍然有例外，也並不是代表律界與醫界的年輕專業人士較差；只不過說明**職場的「年齡歧視」，並不是針對年紀大的族群，還是要以工作性質區分。**

如果是電玩業，或者電動競技業，就剛好相反，因為這些新興行業，年輕者還是較為內行；因此年齡大者在這類的電玩業，當然有可能會遭到「年齡歧視」。當然電玩業的金主與上司就沒有這些年齡歧視的憂慮。


2. 工作位階

以我在職場的觀察，工作位階有時候會影響在工作場合是否會有「年齡歧視」。我認識一個年輕的西人女孩，剛念法律畢業，就在她父親主持的法律事務所工作，這樣的工作位階，就不會讓她在事務所遭到因為年輕所面臨的「年齡歧視霸凌」。

在大多數的公司當中，如果位階較高者是年齡是中高齡階段，甚至是老齡七十歲以上的階段，也不會遇到職場年齡霸凌。**因為這當中的「權力」與「位階」主宰著職場的地位，也就不會出現年長被歧視的現象。**

3. 工作體力

職場中有些工作，需要體力。例如：餐廳的服務員，搬運公司的協助者，這些當然都是年輕者比年長者更勝任。這種情形如果年齡大的工作者，出現在需要以體力為主的工作單位，就容易遇到職場的年齡歧視。

其實，**年齡歧視，並不完全以年齡來界定，而是以工作中的「屬性」來界定。**如果需要體力活的工作，不僱用年齡大的員工，就是許可的情況，不屬於職場霸凌。

# 職能訓練，可以突破年齡侷限，「重塑自己」

以現代的社會，對於職場年齡歧視，只要個人不要失去鬥志，其實不管什麼年紀都可以打造出屬於自己**突破年齡限制，「再一次」的職涯發展。**

因為現代社會的科技實在比過往太過先進，如果讀者有看過 Boston Dynamics 所研發的機器人，就會發現現在很多工作都是由機器人取代，無論是工廠的大型紙箱的搬移，或是工廠流水線的機器式動作，都已經完全由機器人取代。尤其，讀者如果有看 Boston Dynamics 研發的各類機器人跳舞的影片，更會感覺到現在機器人似乎可以取代人類很多工作 [19]。

因此，關於年齡的侷限，其實不要在個人的心中有擔憂，因為在職場，無論年齡較年輕，或是年齡較年長，要面對的就是高科技的機械時代。要如何讓自己不被機器取代，才是杜絕自己落入職場年齡歧視霸凌的自我掌控權。

**又或者是在某些職務上同仁因年齡「過高」遭到有意無意的譏笑（例如：您幾歲啦，怎麼還在做這個工作），也屬於嚴重的歧視。**但是，在此強調，這只是北美的部分現象，還是有很多公司把經驗豐富的資深員工，視為公司的無形資產。

這個時候，**「重塑自己」**就顯得相當重要。因為重塑自己，不需要被年齡侷限，而是只要在讓自己培養新的生活技能。在此，我以我以加拿大教育體系的 4C，用我自己的觀點與讀者分享，如何突破年齡侷限，讓不同的年齡在職場有更好的發揮：

因為加拿大是一個相當注重「技職」教育的國家。無論是對於加拿大的當地居民，或是加拿大的新移民，加拿大政府在各個城市都設立了相當多的**「職業技能輔導中心」**（employment services）當中有針對「不同年齡族群」的工作技能訓練。

在這樣的技能提升，就是給自己一個「重塑自己」的機會。因為在這個高科技與機械時代的當下。要好好的

把自己的「邏輯分析」（analyze）。

其一，要加強與注重。這就是「批判性思考」（critical thinking）的重要。因為分析能力，是人類的特質，是機械無法取代。我們看到 Boston Dynamics 研發的機器人，雖然讓人歎為觀止，但是不要忘記機器人的分析只是著重在數據分析，但是我們人類的邏輯分析，在目前還是只有人類能做到。

其二，要注意職場的「溝通能力」（communication）。因為「人與人的互動」是機器無法取代，也是各個年齡層都需要具備的能力。這樣的職場溝通能力，可以避免因為年齡不同，產生的年齡代溝，也可以避免因為年齡所產生的年齡霸凌。

其三，「合作」（collaboration）。職場有許多利益問題。因此，在職場應該以有能力的人為看重的因素，而不要把年齡當成是職場職務的分水嶺。尤其，現代社會各過國家的企業，很多都走入國際化的跨國企業；因此要與各種不同種族人民合作，並且要和不同年齡族群合作，是必然的趨勢。

其四、「創意」（creativity）。加拿大教育注重的是「由無到有」的發明。從「無」（nothing）到「發明」（invention）的階段，需要的不是空想，而是很強的知識與專業「基礎」！

只要在職場中，把才能與技能好好的學習，任何年齡都可以讓自己發光發熱。

　　但是，有關年齡霸凌，需要注意的是「未成年」族群在職場工作，是有法律的規範。以台灣為例，《勞動基準法》第 44 條：十五歲以上未滿十六歲之受僱從事工作者，為童工。童工及十六歲以上未滿十八歲之人，不得從事危險性或有害性之工作 [20]。

　　上述是我個人在加拿大職場中的觀察與見解。對於職場「年齡」的議題，我認為年齡其實不是侷限一個人職場發展的因素。

　　侷限一個人在職場的發展，通常是因為自己「先入為主」，誤以為年齡太大，或者年齡太輕，會影響職場發展。其實在職場任何的年齡都會遇到工作瓶頸，唯有在生活中不斷的增加自己工作的能力，超越年齡的數字，這樣才能讓每個人在職場超越職場限制。

　　但是，如果在職場，遇到針對特定年齡的員工，產生欺壓的言行，這個時候，我們就要說「不」，以行動來拒絕行為霸凌。

## 23. 「職場肢體霸凌」有刑法責任，處理職場肢體霸凌的流程

在職場工作與上司或同事有職務上意見的是很正常的，但是，如果因為一些意見不同而產生肢體的推撞，或是互相毆打，那就會有刑法責任。

有一天上班，一向準時上班的女同事，那天忽然遲到，並且氣急敗壞地對著我們說，她半夜趕到醫院！

那個時候我們心裡替她著急，心想是否是她的家人出了什麼重大事件。沒想到女同事竟然說是她先生的員工受傷。

當時，我們部門另外的女同事說道：「妳先生的同事受傷，妳到醫院做什麼？」

之後，女同事神情凝重地說，是因為她的先生推了那名勞工一把，之後那名勞工就嚴重的受傷！

後來我們知道整個事件的脈絡，原來女同事的先生

在一家石材公司工作，那一個公司是 24 小時運作，所以有三班制。當天凌晨女同事的先生是大夜班，職責是管理搬運大理石的員工們。

因爲當中的一名勞工身上有酒味，所以女同事的先生是員工管理者，就對著那名勞工說道：「喝酒後，不應該到公司工作。」除此之外，女同事的先生請那名喝酒的勞工回家。

因爲那間公司儲存大理石的倉庫，有巨型大理石，以及大量的大理石的石材。很多建築工地的監工，在早晨四點左右就會派車到場，所以那些員工必須在大夜班，搬運大理石材質。因此，喝酒的工人，就很容易出意外。

但是，那名喝酒的勞工並不聽。仍然堅持留在場地繼續搬運大理石。

可是女同事的老公仍然堅持要那名喝酒的勞工離開。

這樣的情形，就出現兩個人互相大聲叫囂。之後，那名喝酒微醉的勞工，轉身繼續搬運大理石。

但是，女同事的老公身爲主管，擔心萬一那名喝醉的勞工在搬運大理石的過程出事，會讓公司的老闆受到牽連，因此非常堅持喝酒的勞工必須離開，並且拉著那名喝醉工人往出口處的大鐵門方向走去，試圖逼迫那名喝醉的勞工離開現場。

可是那名喝醉的勞工與女同事的老公兩人用力拉扯，

之後女同事的老公，可能用力過度，就不小心把那名員工推倒。那時候剛好在大理石堆旁互相推擠，所以那名勞工就被大理石壓傷，之後緊急送到醫院，還好並沒有生命危險。

那樣的事情屬於職場肢體傷害，雖然女同事的老公是不小心的。但是，那樣的刑事責任可能也在所難免，因為女同事老公率先有拉扯與推擠對方的舉動。

## 職場肢體霸凌屬於《刑法》糾紛

在職場的肢體推擠，或者暴力相向，都是屬於刑事案件。在加拿大任何的肢體暴力，無論受害者的傷勢嚴重與否，施暴者都會被警察逮補，檢察官也會以此起訴，屬於公訴罪。

陳冠仁律師說明：

Q：以這樣的例子，發生在台灣，如果在職場「不小心」的推擠，造成對方身體傷害，有沒有刑事責任？

A：《刑法》第 284 條：因過失傷害人者，處一年以下有期徒刑、拘役或十萬元以下罰金；致重傷者，處三年以下有期徒刑、拘役或三十萬元以下

罰金。

Q：如果這樣的案例，被認定為「刻意」的肢體傷害，
　　在台灣是觸犯哪一條《刑法》？

A：《刑法》第 277 條。傷害人之身體或健康者，處
　　五年以下有期徒刑、拘役或五十萬元以下罰金。
　　犯前項之罪，因而致人於死者，處無期徒刑或七
　　年以上有期徒刑；致重傷者，處三年以上十年以
　　下有期徒刑。


# 現今職場上司與下屬必須以「平起平坐」的方式

過往的職場，有部分上司非常注重「上司與下屬的
職位懸殊」區別，但是現在的時代已經走向「上司與下屬
的工作平等交流」。

在職場，上司是職場修道場的「把關者」。但是，這
並不是意味著上司就可以用強制命令來支配員工。以此文
而言，喝醉酒的勞工到工作場地搬運大理石，是危險的行
為。女同事的先生身為員工管理者，當下嚇阻喝醉的勞工
搬運重石，也是對的指令。但是，拉扯與推擠就不應該。

此文的那位喝醉酒的工人，可能是酗酒，也可能是因為私人的生活有波折，所以情緒不佳。身為上司或許可以換一個方式，**給員工病假一天的方式，讓員工能夠拿到薪水，並且回家休息**。但是這樣的前提是，那位喝醉的員工行為是「偶發事件」，而不是長期酗酒。

　　肢體霸凌在職場絕對是「零容忍」，這樣的情形就如同婚姻暴力的肢體傷害，因為任何肢體傷害，無論是毆打或者是推一下，任何的肢體傷害都有可能產生不可預期的意外。

　　尤其，在職場的肢體霸凌，不單是會造成肢體受傷，而且在心理上也會有很嚴重的陰影。很多在職場上被霸凌的員工，在事發多年之後都還是無法將之前在職場的霸凌事件遺忘。

　　此文我在德商的女同事的先生，是因為員工不聽指示，所以生氣咆哮。但是，有部分上司與下屬爭執的過程，很容易把怒氣轉移到下屬。部分白領辦公室，還會出現上司以文件夾朝員工站立的方向丟去，這樣的情況就算文件夾沒有砸到下屬，也會讓下屬感到自尊心受挫。

　　因為在職場每個人都是平等的。上司與下屬的關係，只是職位與職務，還有薪資的不同，但是並不意味著上司有任何權力可以欺負下屬。

## 上司在職場需要約束自己的權利，員工在職場也需要約束自己的行為

　　上司在職場中要注意自己不要被小事激怒，也不要在潛意識認為自己在工作中有決策權，就可以對下屬頤指氣使；因為現今的時代，上司與職員都是「同事」，在職場是屬於平等者。工作場合當中雖有權力的不同，但是職場中的「相互尊重」需要相同。

　　工作場合是人與人的修道場，因此上司自己的言行舉止要小心謹慎；但是身為上司，代表是員工的表率，是需要注意公司當中「誰」可能會是在職場中惹是生非的人，但是並不可以就此對員工叫囂或者有言語或肢體的霸凌。

　　上司管理員工犯錯，是理所當然。但是，對於部分員工在情緒調節上比較弱的族群，應該予以開導，而非過度管理。因為任何職場的管理是必須要有「度」。過度的管理，會讓員工感覺在職場感覺被上司霸凌。尤其在現代職場，員工意識抬頭，因此上司的管理就要更加小心。

　　現在的法治時代，很多員工被職場霸凌，都知道要找各縣市的勞工局調解，或是尋求法律協助。**如果此文女同事的老公被起訴，公司的老闆也會連帶有部分責任。**當此文女同事的老公被起訴，公司的老闆有法律上的「連帶

責任」。陳冠仁律師說明：《民法》第 188 條第 1 項：受僱人因執行職務，不法侵害他人之權利者，由僱用人與行為人連帶負損害賠償責任。但選任受僱人及監督其職務之執行，已盡相當之注意或縱加以相當之注意而仍不免發生損害者，僱用人不負賠償責任。

在職場（疑似）遭到職場霸凌的流程：「上司職場霸凌：向公司高層反應」；「職場權益問題：求助「勞工局＆調解」；「職場歧視問題：求助人權協會」；「工作高壓，若造成生活失衡：先離職」；「職場嚴重言語霸凌或肢體傷害：報警」。

面對會霸凌人的上司，聰明的員工，就要知道面對職場的負面環境，「換職場跑道」也許也是一個考慮的選擇方向。尤其面對在職場會暴怒的上司，很有可能會在盛怒之後，產生對員工的肢體霸凌。在職場對於肢體傷害，無論是不小心，或者是刻意為之，身為下屬員工的你，都必須要做到「零容忍」！相同的，職場也不少員工以暴力傷害上司的案例，這樣的肢體傷害事件，也是以報警與法律《刑法》來處理。

# 24. 如何處理「主管偏心霸凌」讓你超越情緒內耗框架

　　會計部門是我工作相關的部門。因為「信用狀」或是各國代理商金錢調度問題，我總是需要親自到會計部門接洽，因為使用公司內部電話分機，對於金錢細節比較難說的清楚。反正兩個部門之間，走過去也就一分鐘的時間。

　　我任職的德商，會計部門很奇特，清一色是男士，只有一名女士，是會計部門的主管。聽同事提過，那位會計部門女經理以前是會計部的小會計，前任經理離開之後，特別向公司的五位副總推薦讓這位女士成為會計部門的女經理。

　　對於這樣的情形，我覺得相當正常。但是，我部門的女同事們說道：「那是因為之前的經理偏心現任會計女經理」、「之前的會計部的男經理很偏心，對別的男職員

特別的不好，只對現任會計部女經理比較好」。

　　聽到這裡，我心裡感覺不妙，又是屬於公司內部流言蜚語。所以立即以微笑代替回應，因為在職場的言論敏感，最好選擇不要發表任何意見，免得落入禍從口出的危機。

　　我常跑會計部，我發現那位會計女經理其實是一個工作能力很強，而且工作效率驚人的女人。每當我因工作與會計部對接，需要她協助，她都在很短的時間完成。而且她的待人和藹，總是都說要幫我介紹男朋友。

　　當時我以為她只是客套地說一下，沒想到有一天，會計部門女經理忽然打公司內線電話給我，要我休息時間到她的辦公室，因為我還蠻喜歡那位會計部門女經理，所以我休息時間就一溜煙的跑到她的辦公室。

　　當時她的年齡大約比我大十歲左右，所以應該只有三十出頭，但是我與她總是平起平坐的談話。我常常示意會計女經理，我們談話應該到員工休憩室，但是會計部門女經理總是說沒有關係，就在她的部門聊天，因為我們也只是在休息時間聊聊，沒有占用工作時間。

　　那一次，她叫我到她的辦公室，坐在她旁邊的椅子，我看著會計部女經理打開她辦公桌的櫃子，打開她的公事包，拿出一疊她親戚朋友的單身男士照片，要我選幾個外型喜歡的，她要介紹給我，希望我成為她們家族或朋友圈

的一員。

　　說真的，那時候我真的感覺受寵若驚，因為我總是認為職場人所說的話，都是客套話，不可以當真。想不到會計部女經理竟然對她說過的話「一諾千金」。

　　那個時候，我才忽然了解到前任會計部經理離職的時候，為什麼強力推薦她成為會計部經理。原因是因為現任會計部女經理的專業以及善良，而不是前任經理偏心；更不是同事間傳言的會計部前任經理偏心，是因為現任會計部女經理漂亮。

## 在職場中，如果你不被主管偏愛，你該如何與「被偏愛」的同事相處？

　　在職場當你很努力，卻看到你的經理並沒有把你當一回事，反而對其它同仁特別的偏心，這個時候你的心中難免會有不滿。因此，很多遇到上司偏心的員工，會在職場中感到有失落感。但是，這樣的失落情緒，其實是很內耗個人的內在能量，因為在職場患得患失的情緒，會影響工作的表現。

　　面對上司偏心特定同事，你首先要做的事情是注意上司為什麼偏心特定同事？因為有時候你如果深入了解，

或許會發現上司偏心的同事，在專業能力特別優秀，也替公司帶來很大的業務營收。

在職場上司偏心，多數仍然與公司業務成長有關，只有少部分心術不正的上司，才會只有偏愛外好且腦袋空的職員。通常上司的偏心的那一位，在工作中有「較好的業績」。也就是說職場就是以業績爲主，誰是能夠替上司增加營收，就是上司偏心的那一位。

換句話說，職場中上司的偏心，都一定是有原因的。只不過有時候剛巧能力強的那位，剛好是帥哥或美女，因此就容易被同事貼上標籤，把被上司偏愛的女同事稱爲花瓶，把被上司重用的男同事稱爲逢迎諂媚。

要知道，在職場就算我們不是被上司偏心的那一位，也不是代表你在職場的能力差。只代表被偏愛的同事，除了業績好，也代表那位被上司偏愛的同事與上司比較投緣。因爲職場這一個修道場，當中的職場能量，有時候就是沒有辦法解釋，因爲那種職場能量所反射出的職場緣分，就是人與人之間的一種特殊感受。

這樣的情形出現在職場，其實沒有公平與不公平之分。因爲每個人的際遇不同，或許多年之後，風水輪流轉，換了一個上司，你就是被上司偏愛的那一個。

但是，在目前的工作上，你需要正向面對上司的偏心，以及正向看待同事的得寵，因爲你一定要記得：同事

的得寵，並不代表你的失敗。換句話說，上司偏心特定同事，並不意味著上司覺得你不重要。

## 要如何克服情緒內耗，不要被上司偏心特定同事，影響你的鬥志？

這個時候讓我告訴你如何克服內心的不平衡，讓你用更好的方法，戰勝你自己的意識。雖然你在職場中，看到上司提拔某些同事，可是卻對你的努力置之不理。這個時候，你需要在心中釐清什麼才是你在行業中想要追尋的「目標」。因為我相信，你進入職場工作，除了需要薪資之外，你一定對你所在的行業有「理想」。

所以，你根本不需要因為別的同事的職場際遇暫時比較順風順水，就對自己的能力打折扣。一定要在職場中做到下列三項，就能夠讓你知道別人的成功，並不代表你的失敗。

### 其一，在職場不要比較，也不要在乎公平與否

上司偏心特定同事，或者同事得到上司的青睞，這樣的情形都與你無關。

不要忘記你到公司的目的是什麼？

我們之所以到一家公司，就是希望用我們所學的知識與能力，在公司經由努力，向自己證明個人價值，而不需要刻意向上司證明你的價值。因為，在你努力的過程中，你的上司也都在默默的觀察。

公司付薪資給我們，身為職員也一定要拿出業績，讓公司能夠因為你的加入而營收增長。這樣的工作目標，是我們要隨時記在心中。**因為職場不是爭風吃醋的地方，所以在職場不需要處處計較。**

只要你知道，你在職場努力的「目標」是什麼，你就不會因為上司偏心而難過，因為「上司是否偏心」根本不是你在職場工作的目標。

只要上司不是事事針對你，也不會為難你的工作，那麼主管偏心別的同事，你也沒什麼好在意，因為那跟我們沒有關聯。

### 其二：更努力的工作

在職場，除了要協助公司業績成長，更重要是你要藉著現在的工作來提升自己。

如何藉著工作提升自己？最好的方式就是讓自己在工作時間「全心投入」工作。因為，在職場你的努力必須被看見，這樣的被看見，不是用嘴巴說，而是要用「業績」做出來。

職場中，不要在乎公不公平，因為世界上根本沒有完全公平的事情。

人打從出生的那剎那，就是不公平的開始。因為有的人含金湯匙，有的過的窮苦拮据。但是，這樣並不是代表含著金湯匙的人過得比較快樂，也不意味著窮苦拮据的人就需要放棄自己而不努力。這個社會中，有無數反轉人生的樂觀之人，非常多出身貧寒的人，憑著自己的努力，在生活中突破過去的窮苦，讓生活過得越來越好。

在職場也是一樣，當你現在職場並不是被上司看重的人，那就代表你必須要比其它人更努力。這樣的自我努力不是要證明給上司，也不是要證明給被上司偏愛的同事，而是你身為公司的員工，就要對得起你拿的薪資，也要對得起你自己對自己的期許。

千萬不要像兒少時期，計較老師對哪一個同學比較好。因為，職場是屬於成人的職場修道場，你在職場的豁達，就會讓你在職場中少了互相比較的情緒內耗。永遠不要忘記，**上司偏心特定同事，並不是意味著你不重要。**

### 其三：換位思考，突破盲點

「換位思考，突破盲點」這樣的想法，其實就像政治圈所說的：「換個位置，就要換個腦袋」。

有時候我們很難理解為什麼自己在職場表現不差，

怎麼沒有得到上司的重用。或是感覺自己很努力，怎麼上司沒有給予我們較好的機會。

其實，會執著在「為什麼」這三個字的糾結，就是因為我們還沒有做到「換位思考」。

當我們把自己揣摩成上司，換位思考，把同一件事情，換為讓自己做出決定，你就會豁然開朗，知道上司的考量。說真的，這樣的方式我試過很多次，總是會在換位思考後，才意識到自己也是會如同上司，做出類似的決定。

因為上司所處的位置，不是只有需要處理公司人事糾紛，還要面對業界、公司資金、公司業績、行銷營運、政治干涉等。所以在職場不要把事情複雜化，因為所有的事情都一定有原因，所有的上司偏心，也一定有當中你所不知道的理由。只要你不斷重複在我給你的提醒：**同事被上司偏愛，並不是代表你的失敗。**

我們在職場只要做到本分，那就是最大的成功。在職場，要會做事，但是也要成熟。因為有成熟的思維，你才能在做事的過程，真正開心地投入，而不是在做事的過程有著不公平的不悅感。任何的思考，必須突破盲點；因為思想的方向錯了，人的感覺就錯了，做事的方向也就偏了。

在職場的價值，要明確知道努力的目的，是為了成

就更好的自己，而不是要在公司中計較上司偏心。只要能夠讓自己的心境正向，不要認為我們就是應該得到上司的特別待遇，這樣就不會在職場感覺失落。因為在職場能夠越來越好的人，通常都有定睛在自己的「目標」。

至於職場上司偏心特定同事的現象，沒有對錯，也沒有絕對的標準，完全是因人而異，也會因時機與地點而有所不同。所以你如果想讓自己越來越好，就要把目標放遠。當你的能力越來越強的時候，就算上司偏愛特定同事，你依然會發光發熱。

# 25.

## 職場瓶頸有時候是職場評估失誤，不是職場霸凌，告訴你如何區分

在職場不要預設立場，你看到的有時候不是眞的，有時候高層有你所不知的難處！

在職場中我是敬業的。但是，對我而言唯一在職場的內疚，至今仍一直放在我的心上。總是會在偶爾驀然回首過往職場經歷的時候，會在我的腦中歷歷如繪猶如電影放映般的回顧。

在德商工作的期間，我的上司是一名德裔漂亮女士。我的辦公桌位置就在女經理旁邊，公司每一個部門都有隔間區隔，但是各個部門陳設類似，是採取開放式辦公室，也就是我們在辦公室可以看到每一個同事的工作狀況。我自己的工作區域有兩個巨大的桌面，一面是橫的，一面是直的，其中一面與經理並列。

女經理對我特別好，因爲我的年齡剛好介於女經理

與她兩個就讀初中的女兒年齡中間，也就是女經理比我大十幾歲，我比女經理的女兒們大將近十歲，因此我們沒有太大的年齡溝通隔閡。

德裔女經理對我很好，我對女經理也很知道分寸。在公司的走廊旁，隨處都有設置咖啡與飲料的吧台，我常常喝咖啡，女經理看到我喝咖啡的時候，總是要我喝她從家中帶來的德國無咖啡因茶包，有時候我因為客氣，就沒有拿，但是女經理她總是會很快的到走廊旁的吧台拿熱水替我泡一杯她認為健康的茶包，並且親自端給我。

女經理這樣的舉動，剛開始我真的很不好意思。連當時部門同事都會開玩笑的說經理偏心。可能，我與女經理投緣。

## 女經理無微不至的關心，在某一天忽然變了！

有一天，是一個風和日麗的早晨，一進公司我感覺狀態特別好。但是，我與女經理打招呼之後，女經理坐在座位上，只有和我點個頭，之後就默默的工作。這樣的舉動一反常態，因為每一天女經理在公司的早晨總是會和我閒話家常幾分鐘，我坐在她的旁邊，也總是把椅子轉過去，開心的與她聊前一晚上的事情。

忽然之間，我在辦公桌前思考，我是否有任何有事情得罪到女經理？

是否我在工作中，有任何的疏失？是否有其他女同事向女經理反應「不公平」？

這時候自認懂得看風向的我，在工作就變得特別小心謹慎，深怕自己會惹禍。

中午在員工餐廳吃飯時，我與女經理在自助餐台前選擇食物，公司餐廳的餐點類似高級餐廳，有專職的廚師烹飪，但是公司只跟員工收取與同速食店餐飲類似的價格，據說這樣的收費是要補貼食材，公司不想在員工餐廳賺取金額。

那天我小心翼翼的問女經理：「一切還好嗎？」「怎麼今天都不講話？」

女經理微笑說：「一切都好！」

這樣的狀況持續兩個星期，我開始厭倦這樣的工作環境。當時，我的心中想到的是：這是「職場冷霸凌」！因為過往女經理也有一次誤解我（此書第九篇），當下我又產生心魔的想：也許這次是女經理想逼我走，所以再次冷霸凌我！

當時我在職場經驗不足，總是會自我保護過度，思索著女經理是否對我有哪些工作表現不滿意。

雖然，我知道，我在工作方面沒有犯錯，可以繼續

每天待在公司部門，公司基於法律約束也不會趕我走。

可是，當時我注意到一個奇怪的現象就是：部門其他女同事似乎都沒有感覺職場氣氛很冷。

**那時我才意識到，原來被專寵的職員，有時候不是好現象！因為當寵愛的來源失去的時候，自己感到很失落！**

我注意到過往沒有被女經理特別關注的女同事們，似乎與往常一樣保持高效率的工作。因此我學習到職場只需要在乎工作效率，也就不需要在意上司或同事對我們的冷熱。


## 未雨綢繆的準備「求職信」，讓我錯失協助女經理的機會，鑄成我生命中的遺憾

週末，我籌備著「求職信」，經濟系畢業的我，馬上想到的就是金融業。

因此週末，我立即寫求職信，以電子郵件發給銀行人事部。當時我只選擇加拿大前三大銀行，很幸運的三家銀行人事部都有回覆我。

我向德商女經理以電郵請了幾次所謂的「病假」，暗地到銀行面試。最終三家銀行都錄用我。我當時選擇了加

拿大皇家銀行成為我轉職的下一站。

這樣的病假，雖然只是單日請假，但是隔日與女經理見面，兩人就開始有了「格格不入」的交談。這樣的職場溝通困難，我當時感覺很難受！

尤其我是家中的老大，父母都蠻重視我，妹妹與弟弟也都是很尊重我。在大學念書，我是屬於總是不缺朋友型。因此，**對於女經理的冷漠，我真的只想「逃」！**

當我離開公司之後，進入皇家銀行之前，我請皇家銀行人事部讓我一段時間緩衝銜接，其實我只是想要有自己休假的時間。就在那時候，女同事告知我部門消息，那時我聽完，感覺真的是晴天霹靂！

女同事說：「女經理的小女兒被社工帶走，因為女經理與她先生吵架，女經理的大女兒就打電話報警，因為女經理的小女兒未滿十六歲，所以就被社工帶走，暫時安置在寄養家庭。」

那個時候，我感到很震驚，因為我那時候雖然還沒有念法律，但是社會的基本常識是有的，我知道女經理與先生一定發生很大的爭執，或者是家暴。

後來，我成為離婚調停工作者，深知社工介入的案件通常是「高風險家庭」的議題。

有時候，我在處理類似的離婚案件，偶爾就會想起德商女經理的家庭事件。**我難過的是，我在當時怎麼會面**

**對女經理的「沉默」，而認定那是職場冷霸凌！**

　　當下，在我的心中有著對女經理深深的內疚，因為我知道，女經理心中一定是有很大的痛苦，因為那樣的過程，不單單是夫妻吵架，可能還是家暴，或者更複雜的家庭因素。

　　有時候，我只要想到這段職場往事，我就會為了我自己當時的不成熟感到難過，也會對當時做出離職決定的匆促，感到欠缺考慮女經理的立場！

　　更讓我內疚的是，我的離職，就等於是讓女經理在她家中私生活最紊亂的時候，還要處理我離職之後的工作銜接問題。我當時的不成熟，讓女經理的部門，因為我的離職，而呈現一段時間的工作進度失調。

　　對於女經理過往對我的栽培，我竟然就快速的離職轉任銀行界。**就因為當時我年輕，社會歷練不夠，把女經理對我「由熱轉冷」的情緒，誤以為與我有關，其實當時女經理最需要的是「支持」。**

　　雖然職場不是交朋友的地方，但是我在職場中一直都有收穫友誼。但是，我與女經理的朋友緣分，竟然在我的不成熟當中失去，也讓我在工作當中，對於自己一直引以為豪的負責，出現一些缺憾。

　　雖然我當時沒有能力協助她處理私生活，但是，如果我當時沒有匆忙離職，我就可以繼續待在公司協助她。

後來我知道在我離職之後，女經理再找的新職員與女經理處得不好。我換位思考，可以體會到女經理那時候，一定是在生活與工作兩方面都感到焦頭爛額，這樣的經歷，眞的是我在職場中最深的遺憾。

　　**如果我當時知道什麼是職場霸凌的正確定義，了解當時女經理的行為並不是對我冷霸凌，那樣我就不需要經歷職場變動。**雖然我後來如願進入更符合我自己專業的銀行界上班。但是，那樣的職場變動的「動機」，並不是我當時想要進入銀行界的自我期許，而是自己想要逃離女經理「冷漠」的藉口。

　　對於部門女經理遇到困難的時候，我沒有及時發現，就是因爲我只有以自己眼中看到的部分，讓我自己有太多的預設立場，把對方的難處忽略。

## 職場霸凌者的「行爲」界定，以及「動機」判斷

　　想要寫這本有關職場霸凌的書籍，主要是因爲發現「職場霸凌」這四個字，是很重要的職場議題。職場霸凌當中牽涉相當多的情節認定與法律層面，因此對於職場霸凌沒有深入了解的人，就會對職場霸凌的情境判斷有錯

誤。

因此這本書就是要讓讀者能夠對於「職場霸凌」較常見的職場現象，知道如何處理與面對。

在職場，工作並不是為了取悅別人，而是為了讓自己生命的「能力與耐力」能夠有所發揮。但是，每個人的耐力不同，因此在職場遇到的麻煩事，有的人會認為忍一忍就好，但是有的人就會瀟灑離職，只要少部分的人，對於職場霸凌會以法律調解，以及法律訴訟來解決。

此書所闡述的二十種職場霸凌都不是忍一忍就可以解決的議題。**但是，此篇的情節，並不是職場霸凌。**

年輕時，我處在各國菁英群聚的外國職場，我在當時的思維就是，一定要在職場非常小心謹慎，才能夠生存。但是，我的過度小心，就造成**當時我在職場的想太多**，因此就出現此篇對於女經理對我冷霸凌的誤判。這當中的主要原因就是，**我太在乎職場的生存與表現。**

關於職場霸凌，霸凌者的行為容易區分，但是，霸凌者的行事動機，其實是最難證明的部分。這也就是此書我建議讀者在遇到職場霸凌的事件，除了呈報上級，最重要的還是要在你所在的國家的縣市當中的「勞工局」進行職場「調解」，如果調解不成，還有法律訴訟的途徑，讓法官來判決。

我從德商轉任皇家銀行之後，曾經有好幾次想要找

女經理,因為女經理有把她私人的電話與地址給我。但是,我當時卻一直考慮離職後再與前經理聯絡,或許會被女經理拒絕。最後我還是沒有勇氣再與德商女經理聯繫,就這樣時光就過了二十年。

因為我當時思考,女經理是上司,職場是以工作為主,而不是以交友為目的。但是,我在後來的職場經驗發現,職場中也可以有很好的朋友,甚至在離職後之前的上司都還是成為我人生的導師。

德商女經理的家庭變故,也讓我目前在處理「離婚調停」方面,也會注意當事人的職場情境,以及當事人與孩子的親子議題,而不是只把調停的焦點放在子女扶養費、監護權、探視權、假期探視、贍養費、婚後剩餘財產差額分配等議題。更讓我在「商業法調停」方面,除了注意到商業議題的紛爭之外,更深入了解當中的職場與人的相處糾結。

我目前更加注意到職場已婚人士的難處,如果時光能夠回頭,我肯定不會因為上司態度「由熱轉冷」,就誤以為對方是因為「我」而感到不開心。從那樣的職場經歷,也完全改變了我的人生觀與生活觀,**我了解到,很多人的負面情緒,與我無關,只與對方有關。**

過往我帶著初入職場的不安,把任何事情都過度的放大,就如同手持放大鏡,深怕沒有看清職場危險,殊不

知職場的危險有部分是我自己想像的危險，而不是真實的危險。

　　雖然很多時候在職場遇到的困難是真的，但是有時候在職場遇到的困局是自己揣摩出來的。很多時候我們冷靜「換位思考」之後，就會發現原來的問題，其實不是個問題，只是因為**我們在盛怒下所看的景象，有時候並不是真的！**

　　這篇文章是此書最後一篇的文章，這篇文章不是此書當中的二十種職場霸凌，但是，卻是我在心中埋藏二十年最深的職場內疚，此書二十種職場霸凌，與讀者分享如何面對與防治職場霸凌。

## 這些職場霸凌，你要知道如何面對與處理，並且保護你自己！

　　職場霸凌在各行各業無所不在，職場霸凌總會讓人看到心痛的輕生事件，或是當中抑鬱與躁鬱，還有因為職場霸凌在身體上引發的病痛，諸如：自律神經失調、胃痛、頭痛、失眠、焦慮，這些原因常常是職場人與人摩擦所造成的心累與壓力，衍生為重大事件。

　　職場是人與人的修道場，在這修道場中會遇到好的人，也就是職場貴人，但是也會遇到不好的人，也就是職場災星。雖然我們無法杜絕職場霸凌發生，因為人是無法掌控對方的行為舉止。但是，**我們可以藉由知道職場霸凌的「各類霸凌」與「當中情節」，讓個人提前了解職場中可能發生的霸凌情況，並且預先了解「如何處理」不同類別的職場霸凌，這也就是我書寫此書的主要目的。**

　　在職場，有很多的不公平，也有很多的委屈。面對

這些職場紛爭，最重要的就是要知道如何處理，並且保護自己。唯有你知道什麼是職場霸凌，你才能夠為自己伸張正義。在這競爭的時代，職場危機處處可見，因此不是你想要成為職場的清流，就能夠在職場不被汙水濺及。因此預先了解這些「職場霸凌」的狀況與應對方式才能保護你自己。

職場中確實有一些品質很差的惡劣人士會重傷你，所以在職場你必須要懂得閃躲有霸凌傾向的人。如果對方正面攻擊，你也必須知道如何反擊。這樣的反擊不是肢體衝突，也不是大聲與對方叫囂，而是要知道如何向上司反應。如果上司不搭理，那麼你就需要知道到勞工局諮詢，或者尋求律師的協助。

在職場光有人定勝天的理念是不行的。因為生活中有時候就會有事與願違的狀況。關於職場每個人的職場運途不一樣，很多優秀的人在職場也會遇到職場霸凌，這樣的情形常常扼殺了很多有天賦的職場專業者。所以年輕人除了在工作中鍛鍊能力，更重要的是在職場中杜絕職場霸凌。因為人的時間與精力有限，唯有正確評估自己的狀況，才能避免把你的時間浪費在與職場霸凌者的糾結。因為在職場你不是被選擇，你也是有選擇權，面對職場霸凌的環境，你必須選擇說：「不」！

## 職場霸凌的種類與分辨，可以讓你確保職場權益，避免落人職場煎熬

　　此書二十種職場霸凌，可以讓你杜絕職場傷害，保有你的職場權益，避免你的心靈內耗。許多人的情緒在職場霸凌中籠罩於「心累」的痛苦。上班族在職場中，並無法完全能夠順風順水，這樣的原因大部分與個人能力沒有直接關連，但是跟職場中人與人的衝突絕對有關。

　　當人在職場感覺不被尊重、不被重視，就會感到「職場倦怠」。這樣的負面感覺有時候會消磨掉一個人的職場鬥志，影響你在職場的目標實現。很多人在職場遇到與上司衝突，就立刻把很好的工作機會放棄，為的就是不願意在職場被欺負。但是，欺負也要區分程度，如果上司或同事有暴力傾向，對你工作拍桌、向你丟文件夾或者肢體暴力，以及職場性騷擾，那麼對於這類的職場霸凌，你必須要做到「零容忍」，甚至必須考慮盡快離職，以保護你的人身安全。但是，如果在職場的冷暴力、輕蔑、冷嘲熱諷，就要區分當中的內容，來辨別何謂職場霸凌，這在此書有詳細的說明。

　　如果只是職場人與人的溝通與誤解，就要小心釐清，不要錯誤判斷而離開適合自己的工作。因為個人情緒而作出換工作的決定，有時常夾帶著個人的主觀感受，但是

職場人與人相處檯面上看到的部分與檯面下你沒看到的部分，還是有很大的差別。在此書除了強調職場新環境以及二十種職場霸凌的情境與處理方法，還有法律與職場潛規則之外，在此書最後一篇文章：「職場瓶頸有時候是職場評估失誤，不是職場霸凌，告訴你如何區分」，就是以我個人經驗闡述我年輕時期在職場對於女上司遇到家庭變故，造成她的言行改變，讓我誤以為那是職場霸凌，而斷然選擇離職進入金融業。

　　雖然我向德商辭職之後有更好的職業方向，但是我當時誤解女上司而離開任職的德商，一直在我心中難以釋懷，因為德商女上司當時對我愛護有加。離職德商的當下，我認為那是女上司對我的職場冷霸凌，直到離職進入金融業後，從德商女同事知曉女上司所經歷的家庭變革，那時候我深深的自責，沒有在當下成為女上司的左右手協助她。因此，在職場中正確判斷所面臨的職場情境，才能知道什麼是職場霸凌，什麼不是職場霸凌。

　　撰寫這本書是結合我在德商的工作經驗，加上我就讀法律時期對於職場法律議題的重視。此書台灣法律部分，我感謝**陳冠仁律師**，也是名冠聯合法律事務所主持律師，以及國防部公聘律師，他在此書以專業精湛的台灣法律解說，讓讀者能更清晰地了解如何顧及職場權益。陳冠仁律師所主持的律師事務所，對於勞資爭議提供法律諮詢

與服務，讓僱主與勞工都能受到法律規範與保護，也讓勞資雙方有更完善的職場環境。

除此之外，此書推薦人教育廣播電台**常勤芬老師**，也是我敬重的大姐，在私底下我們有良好的聯繫與互動。常勤芬老師不只在教職中桃李滿天下，更在廣播業的幾十年經歷，累積了大量的職場歷練。常老師對於職場人與人相處的細心與果斷並重，我對於常老師職場的豁達精神相當佩服。常勤芬老師不只是得獎最多的金鐘廣播主持人，也曾是廣播界的高階主管，目前常勤芬老師的兩個廣播節目「從心歸零」以及「快樂銀髮族」都是聽眾喜愛的最優質廣播節目。

關於「職場霸凌」這個議題，在此我誠摯感謝天下雜誌《換日線》頻道總編輯：**張翔一總監**，他也是天下雜誌未來事業部數位營運總監。我很榮幸從 2019 年至今 2021 年的夏天持續成為天下雜誌《換日線》的專欄作家。在天下雜誌《換日線》中，我對於各類霸凌議題相當重視，無論是職場霸凌、校園霸凌、家庭霸凌、婆媳霸凌、婚姻霸凌、老人霸凌等議題，我都相當重視。天下雜誌《換日線》張翔一總監與編輯們總是全力協助編輯我所寫的霸凌系列文章，也協助我在《換日線》所寫的社會時事、海外職場、海外留學、金融經濟、法律調停等議題文章的編輯。《換日線》是非常注重國際議題的雜誌與網誌，

對於社會有相當正面的影響力。張翔一總監的社會使命感，深深讓我敬佩，也帶給《換日線》讀者們生命的正能量。在此我感謝張翔一總監成爲此書《職場霸凌》的推薦人。


## 面對職場霸凌，逆來順受並不成立，你還需要知道如何保護自己

處於職場霸凌工作環境，霸凌者會隨時想找到你的把柄來攻擊你，面對霸凌者，一定要小心翼翼的保護你自己，要知道不要故意激怒霸凌者，這樣你才能蒐證來反擊。同時要記得由內掌握自己的情緒，讓自己遇到人事糾紛不衝動，面對職場霸凌，冷靜永遠比衝動更有智慧。

在職場總是會遇到不公平，有時你就算盡心負責，老闆卻只有偏愛特定同事，讓你加班熬夜，也看不到升遷，甚至沒有看到薪資增加，想要請假，有時也可能遭到拒絕，讓你在工作中過勞。很多狀況，在工作中努力，卻又沒有得到合理的公司福利與健康保險，也沒有得到職災保護與勞工保險，落入職場權益霸凌的痛苦，有時還會遇到男女同工不同酬，也會處於職場年齡歧視等，這些在此書的「職場霸凌」中都有詳細的解說。

此書對於二十種「職場霸凌」的闡述與分析，除了希望讀者能夠在職場霸凌的分辨與處理得心應手，更希望讀者能夠在職場的工作環境中為自己爭取更多的權益。在職場的權責規範中能夠得心應手，需要知道自己如何以法律保護自己。同時此書也提供讀者職場潛規則，就算是離職也要成為一個高價值員工，做到此書第五篇講述的職場「不競爭條款」以及「限制盟約」。

　　此書不是要員工與老闆對峙，也不是要員工與同事鬥爭，此書目的在於讓讀者更加了解「職場霸凌」當中要注意釐清的「權責歸屬」。任何企業或組織中，「權」與「責」的分際必須清楚界定，並且符合法規，否則必然容易產生糾紛。不要忘記在職場中就算遇到職場霸凌，只要你不要正面衝突，你才能有機會蒐證，之後可以以職場議題調解或者法律訴訟來爭取你的權益，這才是你逆轉勝的方式。千萬不要在職場遇到霸凌時，在上司或同事面前宣揚要「告」，因為當你大聲地表示要把職場事件訴諸法律，資方有時候就會比你更快的以你「不勝任」為理由來資遣，或者以你「破壞職場秩序」與「違反公司章程」等來解僱你，那樣你就很難有機會收集資方或同事霸凌你的證據。

　　此書《職場霸凌》對於資方與勞方都是處於平等的狀態。職場優質的工作規範，無論是公司實體上班或者

遠距工作，只要是勞動契約的僱傭關係都是屬於《勞動基準法》的規範。人生中，所有職場事件的發生，都是我們從中領悟人生真諦的契機，每一件事情的發生，就算當下感覺錐心之痛，但是如果能夠處理得當，那就能夠讓每一次的人生經歷，成為我們更上層樓的人生價值。在此感謝時報出版趙政岷董事長，能夠支持此「職場霸凌」議題書籍，讓更多的讀者能夠注意到此書我所寫的二十種職場霸凌，以及時報出版編輯團隊對此書的用心製作。同時謝謝一直支持我的讀者們。

在此與讀者們共勉之！

彭孟嫻 Jessica Peng

# References

1. "勞動基準法." 全國法規資料庫, 全國法規資料庫, 10 June 2020, law.moj.gov.tw/LawClass/LawAll.aspx?PCode=N0030001.

2. "Coronavirus: How the World of Work May Change Forever." BBC Worklife, BBC, www.bbc.com/worklife/article/20201023-coronavirus-how-will-the-pandemic-change-the-way-we-work.

3. Buckner, Dianne. "No Slacking Allowed: Companies Keep Careful Eye on Work-from-Home Productivity during COVID-19 | CBC News." CBCnews, CBC/Radio Canada, 14 May 2020, www.cbc.ca/news/business/working-from-home-employer-monitoring-1.5561969.

4. Hiscott, Robert. "Trends: Longer Hours, More Stress." CBCnews, CBC/Radio Canada, www.cbc.ca/news2/work/nomore9to5/234.html

5. "Your Guide to the Employment Standards Act: Employee Status." Government of Ontario, 28 Oct. 2019, www.ontario.ca/document/your-guide-employment-standards-act-0/employee-status.

6. Alboher, Marci. One Person/Multiple Careers: a New Model for Work/Life Success. Warner Business Books, 2007.

7. "Find Your NOC." Government of Canada, Government of Canada, 15 Apr. 2021, www.canada.ca/en/immigration-refugees-citizenship/services/immigrate-canada/express-entry/eligibility/find-national-occupation-

code.html.

8. Bukszpan, Daniel. "21st Century Jobs." CNBC, CNBC, 2 Dec. 2012, www.cnbc.com/2012/01/04/21st-Century-Jobs.html.

9. https://www.cnbc.com/2021/05/04/jamie-dimon-fed-up-with-zoom-calls-and-remote-work-says-commuting-to-offices-will-make-a-comeback.html.

10. "Restrictive Covenant." Government of Canada, Government of Canada, 1 Apr. 2021, www.canada.ca/en/revenue-agency/services/tax/businesses/topics/changes-your-business/selling-a-business/restrictive-covenant.html.

11. "性騷擾防治法 §25." 全國法規資料庫, law.moj.gov.tw/LawClass/LawSingle.aspx?pcode=D0050074&flno=25.

12. "What Is Deducted from Your Pay?" Canada Revenue Agency, Government of Canada, 21 July 2020, www.canada.ca/en/revenue-agency/services/tax/businesses/topics/payroll/what-deducted-your-pay.html.

13. "基本工資調漲." 行政院, 行政院, 15 Jan. 2021, www.ey.gov.tw/Page/5B2FC62D288F4DB7/d81d3b79-6301-417b-b640-42c2d9596a4e.

14. "Employment Standards Act, 2000, S.O. 2000, c. 41." Government of Ontario, Government of Ontario, 29 Apr. 2021, www.ontario.ca/laws/statute/00e41.

15. Sidhu v.Broadway Gallery, [2002] BCHRTD no.9

16. "勞動基準法 §13." 全國法規資料庫, law.moj.gov.tw/LawClass/LawSingle.aspx?pcode=N0030001&flno=13.

17. "The Ontario Human Rights Code." Ontario Human Rights Commission, Ontario Human Rights Commission, www.ohrc.on.ca/en/ontario-human-rights-code.

18. Scope. What Not to Do in a Convenience Store – Scope and The Southern Co-Operative. YouTube, YouTube, 22 Nov. 2016, www.youtube.com/watch?app=desktop&v=XOrEJDPBH-M.

19. Boston Dynamics. Do You Love Me? YouTube, YouTube, 29 Dec. 2020, www.youtube.com/watch?v=fn3KWM1kuAw.

20. "勞動基準法 §44." 全國法規資料庫, law.moj.gov.tw/LawClass/LawSingle.aspx?pcode=N0030001&flno=44.

職場霸凌：法律調停專家教你維護職場權益，化解工作場合的欺壓侵犯／彭孟嫻 (Jessica Peng) 作 .-- 初版 .-- 臺
北市：時報文化出版企業股份有限公司，2021.07

　　面；　　　公分 .--(Big；366)

ISBN 978-957-13-9181-6( 平裝 )

1. 職場成功法 2. 霸凌 3. 人際關係

494.35

110010213

ISBN 978-957-13-9181-6
Printed in Taiwan

BIG 366

**職場霸凌：法律調停專家教你維護職場權益，化解工作場合的欺壓侵犯**

作者　彭孟嫻 Jessica Peng｜主編　謝翠鈺｜企劃　廖心瑜｜資深企劃經理　何靜婷｜封面設計　陳文
德｜美術編輯　SHRTING WU｜董事長　趙政岷｜出版者　時報文化出版企業股份有限公司　108019
台北市和平西路三段 240 號 7 樓　發行專線—(02)2306-6842　讀者服務專線—0800-231-705・(02)2304-7103
讀者服務傳真—(02)2304-6858　郵撥—19344724 時報文化出版公司　信箱—10899 台北華江橋郵局第九九
信箱　時報悅讀網—http://www.readingtimes.com.tw｜法律顧問　理律法律事務所　陳長文律師、李念祖律
師｜印刷　勁達印刷有限公司｜初版一刷　2021 年 7 月 23 日｜定價　新台幣 380 元｜缺頁或破損的書，
請寄回更換

時報文化出版公司成立於 1975 年，並於 1999 年股票上櫃公開發行，
於 2008 年脫離中時集團非屬旺中，以「尊重智慧與創意的文化事業」為信念。